道志洋博士のおもしろ数学再挑戦 ③

道志洋博士の
数学快楽パズル

仲田紀夫

黎明書房

はじめに

　好評を博した『数学快楽パズル』を，今回書名を変え，装いも新たに『道志洋博士のおもしろ数学再挑戦シリーズ』の第3巻として出版することにした。

1　"成人・知能・算数"の三題話

　「成人」といわれる年齢になると，過去の記憶の蓄積量の多さに反比例するかの如く，加齢も加わり，とかく「知能の低下」が気になったりする。

　ここで一発奮起し，知的能力向上へと再挑戦することが必要であろう。最近の研究では，知能と算数との関係が深いことも知られ，認知症の調査などでも算数が用いられている。

　さて，ここで知能の定義を調べてみよう。

　「知能検査で測定されたもので，これはすべての知的生活の基礎」（心理学辞典）と。

　さて，この知能検査には，日本を代表するものに『田中B式知能検査』があり，その内容を分析してみると，右のようにほとんどが算数である。このことから，上記3つの関連がわかったであろう。

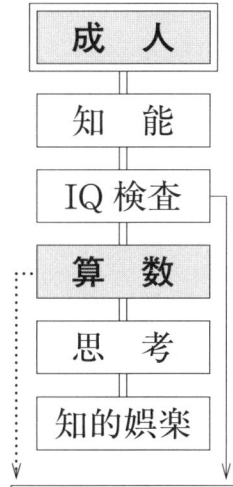

田中B式知能検査
1．迷路
2．立方体の個数
3．部分から1図形完成
4．暗号読み
5．ルール発見
6．正誤発見
7．加法計算
8．数列作り
9．類似チェック
10．図形完成

（注）IQとは，Intelligence-Quotient（知能－指数）の略。
　　　田中B式とは，心理学者ビネーの考案したものを，田中寛一が日本人向けにしたもの。（右が検査内容）

1

2 「難問に挑む」と頭が良くなる

1930年前後の日本の教育界は，当時，幅を利かせていた「能力主義」の心理学を信じ，「難問を解くと頭が良くなる」ということから，"**難問主義**"が一世を風靡し，中学校(旧制)の入試では難問が多く出された。

これへの受験対策として登場したのが，**問題をタイプ別に分類した**"○○算"（右表）形式である。

これもある種のパズルといえよう。

○○算の代表例	(分類)
鶴亀算，年齢算，平均算	和と差
和差算，過不足算	
旅人算，時計算，流水算	速さ
通過算	
仕事算，分配算，相当算	割合
帰一算，百鶏算	
植木算，消去算	対応
…………………	
虫食算，方陣算，他約30種	

○○算は日本独特だよ

3 "楽問"を考えることで知的能力向上

難問主義は，やがて教育界から去っていったが，難問を考え続けることの効用は失われていない。

人間の脳細胞は機械と同じようで，使わないとサビ付くという。「考えること」を続けるのはボケ防止になることは間違いないが，「入りやすい，楽しめる，継続できる」などという点では**数学パズル**に勝るものはないであろう。私の体験からも是非おすすめしたい。

本書では，特に"楽問"を中心にして，頭脳がサビ付かない，いや向上するように工夫してある。

'08年8月8日8時

「年々頭が良くなっている」
と豪語するパズル博士

仲 田 紀 夫 (83歳)

"オット，博士に疑問あり！"に答える

友　人　博士の話（「はじめに」）は，"立板に水"。スラスラと読んでしまい，すっかり洗脳されて「**数学パズルをやれば知的能力向上**」を信じ込んだが……。待てよ，ちょっと話がうますぎる，と考えて疑問に思えてきた。

道博士　オヤオヤ，まるで私が詐欺師，生臭坊主か，マルチ商法のオッツァンのようだ。そんな扱いをしないでくれよ。
　　　　これには**立派な根拠**があり，それを土台に各地の「**生涯学習大学**」や「カルチャーセンター」「○○教室」などでシャベッテきたから慣れたもので，スラスラと話が展開しているのサ。

友　人　その根拠とやらを聞かせてくれよ。安心するから――。

道博士　私は**数学**を学び教師になったあと，学士入学（3年へ編入）で東京教育大学の教育学科で，"**教育学と心理学**"とを学んだ。

友　人　オヤ？　結構，勉強家だったんだね。

道博士　この際，徹底的に「知能と教育，また知的生活」というものを研究したんだよ。この道の玄人(くろうと)サ。

友　人　**知的生活**とは，どういうものかい。

道博士　実に幅広く，いろいろな面（右）があり，これが人間の特長だ。
　　　　で，第2段階は――。

友　人　アラアラ，まだまだ研究が続くのですかい？

道博士　何事も理論の次は実践（実証）だ。

友　人　たとえば"ボケを体験してみる"とか。頭を金づちで叩く？

知的生活とは…

○ 学習の基礎作り
○ 過去の学習を適用
○ 抽象的思考
○ 新しい事柄や場面への適応
○ 創造的思考の基礎

道博士　何をくだらないことをいっているんだい。「世界中に，ただ1つしかない」といわれる双生児の多い学校——東京大学附属中・高校（現・中等教育学校）——に25年在職した。ここは1953年頃から毎年20組前後の一卵性を主とした双生児を別枠で入学させ，6年間にわたって，"遺伝と環境"つまり先天的部分と後天的部分が，心身に及ぼす影響を研究し続けている。

友　人　一卵性双生児というのはソックリ同じの兄弟・姉妹だろう。本来1人で生まれるところ，お母さんのおなかの中で受精卵が2つに分かれて生まれた子のことだね。

道博士　遺伝因子が同じことから，2人に違いがあれば「それは環境によるものだ」ということになる。

友　人　実際にそんなことがあるのかい？

道博士　こうした研究は，この学校以外，アメリカ，ドイツでも熱心で結果はほとんど同じさ。

友　人　興味があるね。どんな結論だい。

道博士　大ざっぱにいえば，右のようだ。環境的とは努力効果ということになるが，ドウダ！教科では**算数・数学**がトップになっている。**IQ** も。

```
遺伝的
 ┌ ○身体，スポーツ
 └ ○芸術系
環境的
 ┌ ○知能指数（IQ）
 └ 算数・数学
```

友　人　ようやく，博士のいわんとすることが見えてきた。「頭脳は鍛えよ！」か。"街頭のタタキ売り"調の話ではなく，理論と実践（実証）にもとづいたお話という「格調高く，信頼できるもの」なんだね。ワカッタ！

道博士　オホン！　だ。よしよし。では，いよいよ問題に挑戦し，ボケ防止，いや，知的能力向上に努力しよう。"**パズルは「数学のエキス」**で，**頭脳を柔軟にする**"ことを忘れないように。

友　人　博士の"立板に水"の弁舌はよくわかったが，いよいよ問題挑戦となると，またまた腰が引けてくるよ。なんたって，その昔，算数・数学に自信がなかったほうだからね。

道博士　そこだよ。こういっちゃあ文部科学省に悪いが，過去の指導によってできた教科書や受験が，相当，算数・数学の興味や有用性をそぎ落とし，その結果多くの成人に悪いイメージを与えていたからナ。残念なことだ。

友　人　で，博士のいう**ボケ防止**さらに**知的能力向上**の算数・数学っていうのはどんなものかい？　大昔の「難問主義」調じゃあないだろうネ。

道博士　前にも話したように，私が過去何度も全国の「生涯学習大学」「カルチャーセンター」「○○教室」などで講演した中から，たいへん好評で興味を示されたものを中心にすることにしている。

友　人　たとえば，どんなものを？

道博士　主体は，**算数・数学パズル**。これの関連・発展として，

　　　　○クイズ・パラドクス
　　　　○数学物語・数学者逸話
　　　　○数学史・数学誕生史

などをいろどりとして配置する。

友　人　ナルホド――。これなら，初歩からを楽しみながら勉強できそうだナ。子どもや孫と競争して考えたり。
　　　　そうできたら，万歳だよ。

道博士　ヨォ〜シ。私のほうも全脳を働かせて話をする（名著を書く）としよう。

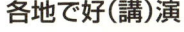

群馬県『生涯学習大学』の講演会では600人の参加者が集まり「成人の学習意欲が盛んなこと」に道博士は驚いた。他県でも関心が高かった。

［余滴］"惚れる"の極致がボケさ

ボケ！

なんとも，うらぶれたいやな言葉であり，耳にするとあわれな響きをおぼえる。

本書の執筆に当たってこの**ボケの語**を調べたところ——なかなか資料はなかったが——"惚れる"という綺麗な語源をもっていることを発見し，たいへんうれしくなった。

それどころか，何か浮き浮きした気分で，執筆を開始することができたのである。

さらに，もう１つの発見は，"ボケ意識年齢"。いま，道博士を例にとると，

「1925年生まれで，80余年の人生では，友人，知人，教え子の数は数万人になる。40歳頃だったら，これらの人の名がスラスラ思い出せても，その後30年間にふえた人数となると，すぐ思い出せなくて当たり前。コンピュータでも時間がかかる。

さらに，他の情報量を考えてみると……。ボケたのではなくて，量がふえたからと考えるのが，正当であろう。」

と，安心！

最後に，近頃やたらと右のような見出し記事がふえている。ある意味でよい時代だ。

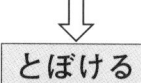

惚れる
・放心状態
・他のことを忘れる
・うっとりする

↓

とぼける
・恍ける ┐
・惚ける ├ 恍惚
・しらばくれる ┘

↓

ボ　ケ
┌──┬──┬──┬──┬──┐
平　恋　天　時　ボ　ボ
和　愛　然　差　ケ　ケ
ボ　ボ　ボ　ボ　錯　意
ケ　ケ　ケ　ケ　覚　識

　　日常用語　　　本人感情

東北大教授 ぼけ防止応用も
読み書き計算
痴ほうに効果 ◎
動作や会話に復活例

もくじ

はじめに　1
"オット，博士に疑問あり！"に答える　3
［余滴］"惚れる"の極致がボケさ　6

生涯学習大学"算数・数学教室"——講師・道　志洋博士

第1回　生活の中の数字・数 —————— 11

1　諺の代表『四字熟語』　12
2　名言の中の数字・数　14
3　今も残る"昔語"——長さ　16
4　今も残る"昔語"——重さ・その他　18
5　江戸時代へT.T.——お金　20
6　江戸時代へT.T.——その他　22
7　数の語呂合わせ　24
8　数字の俳句・和歌　26

　　ちょいしゃれ話　弥次・喜多道中の話　28
　　＊T.T.とはタイム・トラベル（時間旅行）の略。

第2回 『イカサマ話』を見破る ― 29

1 "B.C.3世紀の金貨"は本物？ 30
2 「観光ガイド」への質問 32
3 落語『壺算』の中味 34
4 釣銭サギの手口 36
5 できない立体の不思議 38
6 無限階段の奇妙 40
7 消えた100円？ 42
8 "ネズミ講"で儲ける法 44

　　ちょいしゃれ話　三方一両損と得の話 46

第3回 小物遊び，道具利用パズル ― 47

1 マッチ棒のいろいろ 48
2 碁石拾い――拾いもの 50
3 『ママ子立て』という古パズル 52
4 白球を黒球に当てるワザ 54
5 "タイル張り"の工夫 56
6 紙の裁断――ずらす 58
7 紙の裁断――変える 60
8 図形の四等分問題 62

　　ちょいしゃれ話　「南京玉すだれ」の秘密 64

もくじ

第4回 「電卓使い」計算の奇妙発見 ── 65

1 答の不思議？ 66
2 8の欠けた計算式 68
3 1並びの積から生まれる数 70
4 9は中国で"皇帝の数" 72
5 1つ違いの平方の差 74
6 平凡な数がもつ非凡！ 76
7 中国のソバ名人「針の穴の太さ」 78
8 1と2だけの連分数の有用性 80

> ちょいしゃれ話　厚さ1mmの紙を22回折ると… 82

第5回 "迷宮入り"待った！ 解決へ ── 83

1 『迷路』からの脱出 84
2 2人は会えるか？ 86
3 アミダクジの不思議 88
4 どのひもが解ける？ 90
5 "手縄はずし"の妙技 92
6 「一筆描き」に挑戦！ 94
7 隠れた立方体がある個数読み 96
8 移動で1cm²がふえた 98

> ちょいしゃれ話　小円，大円の周，等しい 100

第6回 『知恵ダメシ』と「自作問」作り ― 101

1 虫食算――デジタル・パズル 102
2 覆面算――アルファメティック 104
3 小町算の伝説と計算 106
4 清少納言知恵の板 108
5 2つのクジ選び 110
6 "くじ引き"有利は後か先か 112
7 どちらに賭けるか 114
8 「自作問」作りで，チョン 116
　　ちょいしゃれ話　『算額』と遺題の話 118

解答 119

付録：実験用厚紙 その1　第3回－6　紙の裁断――ずらす
　　　　　　　　　　　　第3回－7　紙の裁断――変える
　　　実験用厚紙 その2　第5回－8　移動で1cm²がふえた
　　　　　　　　　　　　第6回－4　清少納言知恵の板

イラスト・筧　都夫

[参考]
本文各回ごとの「道博士との対話相手」の氏名は，五十音順で主として友人，知人が登場する。

生涯学習大学 "算数教室" "数学教室" （講師）道 志洋博士

第1回
生活の中の数字・数

1　諺の代表『四字熟語』
2　名言の中の数字・数
3　今も残る"昔語"──長さ
4　今も残る"昔語"──重さ・その他
5　江戸時代へT.T.──お金
6　江戸時代へT.T.──その他
7　数の語呂合わせ
8　数字の俳句・和歌
[ちょいしゃれ話] 弥次・喜多道中の話

＊T.T.とはタイム・トラベル
　（時間旅行）の略。

時代をさかのぼり
"昔話"など考えよう☆

1 諺の代表『四字熟語』

　第1回の講義は，静聴，爆笑と拍手，そして熱気の中で無事終了。控え室に向かう道博士のあとを，数人の熱心な会員がゾロゾロと。ナント，皆さんそれぞれ質問があるそうである。
　まず，第一番目の安藤さんから。

安　藤　今日のお話は，たいへん興味深く，また，いろいろな発見もあり有意義でした。
　　　日常生活の中に，これほど数字や数が存在し，役立っているとは気がつきませんでしたよ。

道博士　ソウ，私も講義準備で資料を集めているとき，驚きましたね。たとえば，新聞，TVで数字を全部とったら……，など。
　　　で，どんな質問ですか。

安　藤　身近なもので，諺（ことわざ）に使う『四字熟語』というのがあるでしょう。私も年をとったせいか，つい若い者にお説教してしまうことが多いのですが──。そんなとき，よく使います。

道博士　お互い様ですよ。
　　　何しろ『四字熟語』は語呂（ごろ）もいいし，中味も端的で使いやすいですからね。

安　藤　四字の熟語は一冊の本になるほどたくさんありますが，数字のついたものにどんなものがあるかナ，と質問にきたのです。

道博士　ちょうど，用意してきました。これ（右）の□を埋めてみてください。

第1回　生活の中の数字・数

[質問]　次の四字熟語について□に数字を埋め，その意味を考えよ。

1　□石□鳥
2　□攫(かく)□金
3　□朝□夕
4　□面□臂(ぴ)
5　□寒□温
6　□転□倒
7　□臓□腑
8　□載□遇
9　□変□化
10　□嘲(ちょう)□矢(し)

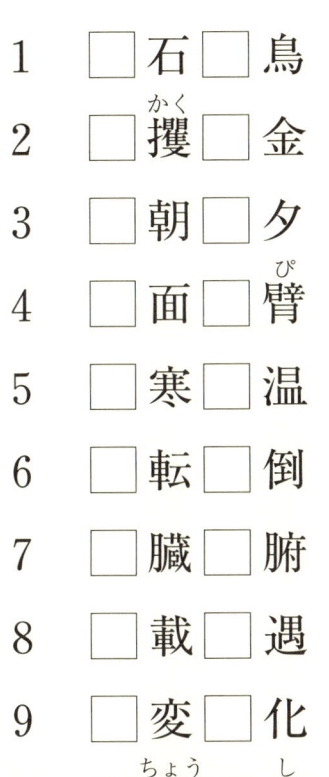

2 名言の中の数字・数

　"市村"と名乗った会員は"数字・数"大好き人間と自称し,「円周率なんか50桁までいえる」という人である。

市　村　先生はお話の中で,**数字と数とを区別**しておられましたが,私はこの区別がよくわかりませんので,これについての質問で来ました。

道博士　一般生活や新聞などでは,まず区別して使っていませんね。時刻と時間,角と角度などのように。ほんとうは,それでは困る。

市　村　0とか8とか,いったとき,これらは数字か数か？

道博士　では,本腰を入れて説明しよう。

　　いま,365を例にしますと,365は数で,これを作る

　　3は百の位　｜
　　6は十の位　｝それぞれ数字
　　5は一の位　｜

　　数365
　　1つ1つは数字
　　（これらの発音は数詞という。）

　　と,区別するわけです。

市　村　ァァ,そう説明されるとよくわかります。でも,単なる5,8は,数字か数か,どうやって区別するのですか。

道博士　たしかに,ここが難問です。

　　0〜9は**基数**といい,ここでは区別できません。"使う場所"つまり,前後関係がわかれば,区別できるんですがネ。

市　村　ナ〜〜〜ルホド,そういうことですか。

道博士　では折角ですから,名言（右）の□の中が,数字か数かを考えながら埋めてごらんなさい。

第1回　生活の中の数字・数

[質問]　次の名言の□に数字・数を埋めよ。

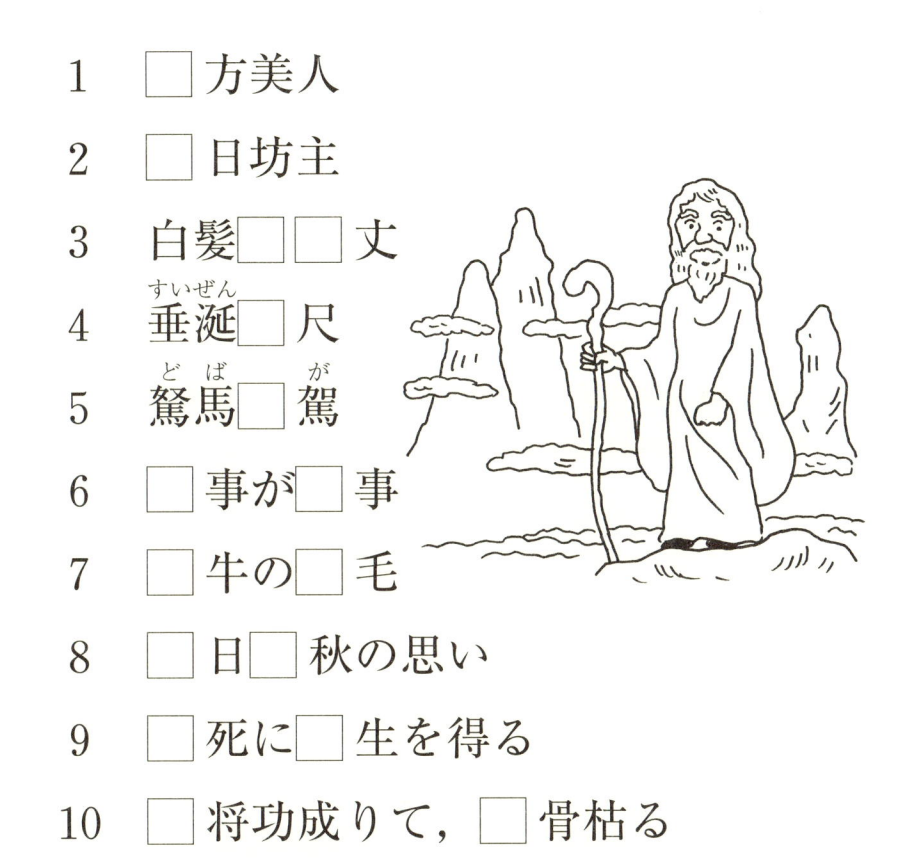

1　□方美人
2　□日坊主
3　白髪□□丈
4　垂涎(すいぜん)□尺
5　駑馬(どば)□駕(が)
6　□事が□事
7　□牛の□毛
8　□日□秋の思い
9　□死に□生を得る
10　□将功成りて，□骨枯る

（注）諺，名言には，古代中国の伝来語が多く，意味の難しいものがある。
　　上の，4，5を辞書で調べてみよ。

3 今も残る"昔語"——長さ

　質問の3番目は，大工さん出身で工務店社長の宇野さんという人である。

　彼はいまもって，長さについて『メートル法』大反対。さて，

宇　野　先生，家の建築業をやっていますと，日本古来の伝統ある『尺貫法』は，実にすぐれているんですよ。
　　　　ナンデ，メートル法に統一しやがったんだろうな。
道博士　尺貫法は，どういう点がすぐれていますか？
宇　野　そりゃあ先生，人間の寸法に合っているからなんですよ。
　　　　"寝て一畳，立って半畳"なんていうでしょう。六尺というのもいい寸法ですが，いまじゃあ1.8m！
　　　　家を建てるのに，古い頭の私には換算が不便だしね。
道博士　マア，マア，そう興奮しないでください。
　　　　私もそろそろ古代人間なので，気持ちはよくわかりますよ。ただ，中国，韓国などと交易している頃はいいが，もはや地球規模の時代だから，世界統一単位から離れるわけにはいかないでしょう。
宇　野　まあー，この現代でも，堂々と尺貫単位の"昔語"が残っているので，少しはガマンできますよ。
道博士　日常語で残っている尺貫法ということですね。
　　　　では右のおのおのについて，メートル法の単位に変えてください。

第1回　生活の中の数字・数

[質問]　次のおのおのの～～部分をメートル法の単位になおせ。

1　空手の寸止め
2　のろいの五寸釘
3　かわいい尺取虫
4　六尺豊かの大男
5　奈良の大仏座像，高さ五丈四尺
6　三十三間堂での射弓
7　八丁堀の北町奉行所
8　旅の案内役一里塚
9　悪事千里を走る
10　千丈の堤も蟻(あり)の穴より潰(つい)ゆ

（注）**尺貫法**の単位は23ページ参考。

（参考）**メートル法**
　1875年　フランス（パリ）で
　　　　　メートル条約
　1885年　日本がこの条約に加入
　1959年　「メートル法」の強制使用（罰則もある）

メートル原器

4 今も残る"昔語"
——重さ・その他

「先生，先生。私もいまの宇野さんと同じことに興味があったんで，質問しにきたんですよ。」

静かな控え室に響く大声で，順を待ちきれないような様子の小ぶとり，いや大ぶとりの女性があらわれ，切り出した。

道博士は，母親が100kgを超す大柄女性だったので，ふとり気味の女性には好感をもっていた。

道博士 それは，現代でも生きている"旧単位の昔語"ということで。

江　川 ソーナンですよ。私は子どもの頃からふとっていたので，悪ガキどもから"デブ，デブ，百貫デブ"とからかわれました。いまは，この"昔語"は社会的には使ってはいけないのでしょう。

道博士 そうですね。『古典落語』をはじめとして，講談，浪曲など，昔は平気で人をきずつける言葉を使っていましたネ。

あの頃は，人間関係がうまくいっていたので，それほど悪い意味で使っていたのではないでしょうが──。

江　川 その頃は，私も負けずに，このチビとか，"一寸法師"なんて，やり返してましたね。

思い出すと，なつかしい。

道博士 昔はいろいろ軽妙な会話が，ありました。

ところで，百貫とか，一寸とかは，メートル法にするといくらでしょうか。次のもドウゾ！

第1回　生活の中の数字・数

[質問]　次のおのおのの〰〰部分をメートル法の単位になおせ。

1　百目(匁)ろうそく
2　十貫坂
3　斗酒なお辞せず
4　三里四方の花霞
5　建坪五百坪の大豪邸
6　百里の道は九十里が半ば
7　三八(三尺八寸)竹刀
8　十六文キック(長さ)
9　一寸先は闇
10　丈六の仏

『尺八』(一尺八寸)
── 一尺六寸などいろいろある ──

黒田武士の一升杯

5 江戸時代へ T. T.
── お金

　一般の人間は，現在の生活から離れて，過去，未来へ探訪してみたいと考えるものである。いわゆる，

　　タイム・トラベル，タイム・スリップ，タイム・マシン，……

この想像は，小説や映画などでしばしば表現されている。

　講師の道博士も『数学ルーツ探訪』ということで，世界中，過去の数学誕生地を30余回も調査し，まさにタイム・トラベルを続けた，"夢人間"である。

　この講演では，日本で300年間も平和が続き，文化，文明が大いに発展した江戸時代へのタイム・トラベルである。

　年輩者の多いこの講演会では，会員の人たちがいろいろな興味関心，感想そして疑問をもったりして盛り上がった。

　とりわけ興味をもった，2人の会員が現代との比較で質問にきた。

岡　野　先生，私も旅好き人間ですが，テレビや映画などでは"時代劇"を通して江戸時代へタイム・トラベルをしています。

道博士　私など剣道をやっていることもあり，"時代劇"は好きだし，これを通して，江戸時代の武家，庶民の生活が想像できて，なかなか楽しいものですネ。

岡　野　私は，十返舎一九の『東海道五十三次』(28ページ参考)を通して，江戸時代の金銭関係や風俗，習慣をかい間見るのが趣味になっています。

道博士　私もね，以前本にまとめたことがありますよ。では次の質問に答えてください。

拙著（黎明書房刊）

第1回　生活の中の数字・数

[質問]　"江戸時代と現代"，どっちが安いか，次のおのおのについて比較せよ。

　ただし，現在1両は5万円前後といわれているので，1文≒12円として計算する。

昔と今，安いのは

1　茶屋32文　⟷　コーヒー1杯　☐

2　昼食代70文　⟷　ランチサービスの昼食　☐

3　手ぬぐい90文　⟷　いまの手ぬぐい　☐

4　馬乗賃2000文　⟷　ほぼ同距離のタクシー料金　☐
　　（府中から江戸）

5　宿泊代1500文　⟷　ビジネスホテル1泊　☐

6　千両箱の1000両　⟷　高給サラリーマンの年俸　☐

7　人足23文（にんそく）　⟷　宅配便　☐
　　（5貫までの荷物1里分）　（最低料金）

8　修理代（五右衛門風呂壊し）2朱
　　　　　　　　　　　　　⟷　風呂のガス修理代　☐

9　米（1升2合）100文　⟷　スーパーの米代　☐

10　二八そば16文　⟷　ラーメン一杯　☐

（注）金貨1両＝4分＝4000文，
　　　1朱＝$\frac{1}{4}$分＝$\frac{1}{16}$両
　　　つまり両，分，朱は4進法

⑥ 江戸時代へT.T.
──その他

"数学文化完成三百年説"は道博士の主張するものであり，講演でもよく紹介しているのである。

三百年説の代表
古代ギリシア　　『幾何学』
中国，唐代　　　『算経十書』
日本，江戸時代　『和算』

右はその代表で，この他，国境を超えれば，

　　計算術（イギリス，ドイツ）

　　確率論（イタリア―フランス―ロシア）

など，ほぼ300年かけて**学問として完成**している。

前にも述べたように，他の文化も一応形を整えるのに300年かかっているものが多い。

こうした関係からか，江戸時代のもろもろについて質問があった。

蕪山（かぶやま）　武士の大小の刀の2本ざしやカミシモ。また，女性の華麗な着物や帯，さらに日本髪など，他国には見られない独特のものですね。江戸時代の人はセンスがいいナー。

道博士　歌舞伎や浮世絵もスゴイでしょう。

　私は尺八（都山流）を趣味でやっていますが，明暗流も『虚無僧（こむそう）』にあこがれて習っているんですよ。

　姿がなんともいえずいいでしょう。

蕪山　江戸時代──。アコガレますね。

道博士　では，その気持ちで，次の質問に答えてください。

虚無僧姿

第1回　生活の中の数字・数

[質問]　次の____部分を現代の単位になおせ。

1　廻船問屋(かいせんどんや)の千石船
2　加賀百万石の大大名
3　千両役者
4　千里膏(こう)（万能膏薬）
5　七里の渡し（宮から桑名）
6　お江戸日本橋七つ立ち
7　草木も眠るうしみつ（丑三つ）どき
8　"栗より（九里＋四里）うまい焼き芋"は十三里
9　箱根八里は馬でも越すが……
10　東海道（江戸－京都）は百二十六里六町一間

（参考）尺貫法

　　1石＝10斗　　　　　　　　1里＝36町
　　　1斗＝10升　　　　　　　　1町＝60間
　　　　1升＝10合　　　　　　　　1間＝ 6尺
　　　　　1合＝10勺　　　　　　　（1丈＝10尺）
　1升≒1.8ℓ　　　　　　1尺≒0.303m　　1尺＝10寸

7 数の語呂合わせ

　「数の語呂合わせ」が大好きで日々やっている，という木村さんが質問をしにきました。

木　村　先生，私は語呂好き人間ですが，"語呂合わせ"というのは，日本独特のものなんでしょう？

道博士　似たものは中国などにあるようですが，マア，日本独特といっていいでしょうね。

木　村　中学時代に習った$\sqrt{2}$，$\sqrt{3}$などの記憶法は，いまでも忘れません。

道博士　スゴイ！　中学時代おぼえていても，成人になったら忘れた，という人が多いのにネ。

木　村　有名な円周率，現在1兆2400億桁まで計算している（2002年12月6日）そうですが，欧米ではどうやって記憶しているのですか。

道博士　日本と欧米では右のように全く違う方式ですよ。

木　村　話は飛びますが，"冠デー"といわれる『○○の日』の語呂合わせも楽しいですね。

道博士　右ページの語呂合わせをしてごらんなさい。

　　　　　一夜一夜に一見頃
$\sqrt{2} = 1.41421356$

　　　　　人並みにオゴレヤ
$\sqrt{3} = 1.7320508$

……………………
……………………

3.141592……
産医師異国に向かう（語呂）
　3.1416……
yes I have a number（文字数）

冠デー	
3月3日	耳の日
6月4日	歯の日
7月10日	納豆の日
8月9日	野球の日
9月2日	くじの日
10月4日	鰯(いわし)の日
10月10日	トイレの日

（注）数字の当て字は，十六を「しし」(猪)と読むなど，すでに『万葉集』にもある。

第1回　生活の中の数字・数

[質問]　数字の語呂について答えよ。

(1) 次は電話番号であるが，何の商売か。
　① 8784　　　　□
　② 8083　　　　□
　③ 4114　　　　□
　④ 1028　　　　□
　⑤ 1098　　　　□

(2) 次は会話（ポケベル時代）である。読んでみよ。
　① 0843　　　　□
　② 10714　　　□
　③ 42517　　　□
　④ 51414　　　□
　⑤ 310216　　 □

(3) 自分の誕生日を語呂合わせしてみよ。

（注）中国語　2——アル
　　　　　　　4——スゥー
　　　　　　　5——ウー
　　　　　　　6——リュー　　などの利用もよい。

　　　英　語　2——ツゥー
　　　　　　　4——フォー

　　　10は　トゥ（ト）やテンと読む。

私の誕生日は8月9日だ。
● 野球の日
● 薬(ヤク)の日
● 掃除(ハク)の日
そして"厄"。
これは嫌だナ

8 数字の俳句・和歌

　質問の順番待ちで，最後になってしまった久能さんですが，小さな紙を手にしてニコニコしながら道博士の前にあらわれました。

道博士　長時間お待たせして，すいませんでしたね。

久　能　イイエ，イイエ。私は待ち時間を上手に使っているので平気なんです。

道博士　どんな使い方をしているのですか？

久　能　いろいろですが──。いまは紙に数字の俳句を作っていました。

　これですが，先生お読みになれますか。

道博士　イヤー，お見事ですナ。

　私は，右のように読んだのですが，それでいいですか？

久　能　さすが博士！

　「四四（しょう）」など，ちょっとナマッタリしてどうかな，と思っていました。

道博士　これだけの素質がある久能さんなら，次(右)の有名な俳句，和歌はスラスラ読めるでしょう。

　いずれも江戸時代のものです。

久　能　文系の私ですから，俳句，和歌は大好きです。

　江戸時代の人に負けないよう，挑戦してみます。

三七三四
兆兆八四
八六万四四

⇩ 道博士の答

皆さんよ
丁丁発止(はっし)
やりましょう

第1回　生活の中の数字・数

[質問]　次の数字の俳句・和歌を読め。

(1) 俳句

①
```
百六一百
両五九八四二
二七寿々三
```

②
```
九六　八四一
兆百十万〇八
八七百三九
```

(2) 和歌

①
```
九十八三三
十三四三十二八
五九二百
四五十二五十
百十八三千七六
```

②
```
八万三千八
三六九　三三四八
一八二
四五十二　四六九
四百八三千七六
```

(注) 百は「も」「お」と読む。

②のヒントの絵

ちょいしゃれ話　弥次・喜多道中の話
— 『塵劫記（じんこうき）』じゃァ売りましない —

　『東海道中膝栗毛』（通称『東海道五十三次』）は，18世紀，十返舎一九による徒歩旅行記である。
　年輩の弥次郎兵衛（やじろべえ）と若者の喜多八（きたはち）の旅物語で，江戸ッ子らしい，珍道中になっている。いくつものおもしろい内容があるが，ここでは算数・数学に関係したものを紹介することにしよう。
　2人が茶屋で菓子を食べ，お金を支払うときの店員（小ぞう）との会話（原文のまま）。

弥　次　ヒヤァ，こいつはやすいもんだ。もふひとつくをふ。コリャァいくらだ。

小ぞう　そりゃ三文。

喜　多　ドレドレ，うめへ。小ぞう。せんの銭はすんだぞ。あとのかしが四ツ食ったから，三四の七文五分（さんし）か。エイッ五分はまけろ。

弥　次　イヤ，餅（もち）もあるな。

喜　多　こいつはうめへ，この餅はいくらだよ。

小ぞう　そりゃ五文どりょ。

喜　多　五文づつなら，こうと，ふたりで六ツ食ったから五六（ごろく）の十五文。ソレ，やるぞ。

小ぞう　イヤ，このしゅは，モウ塵劫記じゃァ売りましない。五文づつ，六ツくれなさろ。

三条大橋の
弥次・喜多像

（注）『塵劫記』は寺子屋の算数書。小ぞうは寺子屋で学んでいないから「九九はできない」と思い，2人がダマそうとした。

生涯学習大学 "算数教室 数学教室"　（講師）道 志洋博士

第2回
『イカサマ話』を見破る

1 "B.C.3世紀の金貨"は本物？
2 「観光ガイド」への質問
3 落語『壺算』の中味
4 釣銭サギの手口
5 できない立体の不思議
6 無限階段の奇妙
7 消えた100円？
8 "ネズミ講"で儲ける法

［ちょいしゃれ話］三方一両損と得の話

数学センスで悪を見抜く力をもとう

1 "B.C. 3世紀の金貨" は本物?

　世の中には,「アイマイな」ことや話が多く, これによって人々が騙(だま)され, 被害を受けるものである。とりわけ高齢になると, 暇と金がある上, "人恋し"の寂しさも加わって, 一見親切な若者にコロリとやられてしまう。この悪い連中の『イカサマ話』にひっかからないためには, 騙しのカラクリを見破る智力が必要であろう。

　世間の数ある学問の中で, 唯一, 正邪, 真偽が明確なものは算数・数学であるから, これによってあらゆるものの"判断の目"を養うことが大切である。

　博士は, パズルを『破狡(ぱずる)』と当て字し, パズルの訓練が「狡(ず)る」を見破る智力になるんだ……, テなことのお話を, この回でやった。

　加えて, ここの会員は「高齢者だが金と暇があるので, 海外旅行に数回, 数十回という人が多いだろうが, 外国は日本以上に騙しが多いから気をつけるように」と述べて講演を終了した。そのあと,

剣　持　先生は, "数学ルーツ探訪旅行"で世界を回っておられ, ショッピングも相当な量でしょうが, 騙されましたか。

道博士　私は"数学ルーツ"オンリーで, グルメ, ショッピング, 観光など全く関心がないんです。

剣　持　私なんか観光バスを降りるたびに, 両手一杯の地元の珍品を購入するほうです。たしかに何度かイカサマ品を買わせられましたネ。同じ品がツアー仲間で値が違ったり……。

道博士　こんな話（右）を聞かされたことがありますが, 剣持さんはどう思いますか。

第2回 『イカサマ話』を見破る

[質問]　ピラミッドのそばで，怪しげな露店商が，地面に古い数々の品を並べて観光客を呼んでいる。

商人　日本の人，この金貨は，2300年も前のもの，掘り出し品だよ。

お客　どうして，そんなことがいえるんだい。

商人　ホラ，この金貨の裏に"300B. C."っていう刻みがあるだろう。

お客　ウゥ～～～ン，たしかにあるがネェー。

（ヒント）西暦紀元の成立を考える。

2 「観光ガイド」への質問

　一般の「ツアー旅行」では，旅行社の添乗員のほか，現地では，その土地専門の観光ガイドが案内役をつとめてくれる。

　しかし，道博士のような専門的研究をかかえている人にとっては，ガイドの説明がいつも十分というわけではない。そのため旅行前に，あるいは前日に希望を述べている。たとえば，イスタンブールでは三層の城壁と大砲で破壊された壁，イスタンブール大学見学，など。また，バルセロナでは『メートル法』の長さ測定の基点の「基石」（一方の端はダンケルク）。といった具合。

　（注）特殊な地点は，ツアーでなく個人旅行で調べる。

小　林　旅行から帰国し，友人に語ったとき，"そこには有名な○○があるが見たかい"といわれ，ガッカリしたことがあります。

道博士　観光ガイドや観光案内本だけでは，満足できないことが結構あるんです。意外な名所がおちていたり。

小　林　先生でも，そういう経験があるのですか？　たとえばどんな例が。

道博士　バルセロナで，有名な『サグラダ・ファミリア』（聖家族教会）の西門にある"キリストにささやくユダ"の傍に変形魔方陣が刻まれていた。

小　林　これなどガイドの説明も本にも書かれていないのですか？

道博士　右の話はどうでしょう。

キリストの傍の『魔方陣』

第2回 『イカサマ話』を見破る

[質問]　中国旅行大好きな友人の話。

　ツアー仲間で，昨年も中国に行ったという人が，ガイドの説明にこんな質問をした。

現地ガイド　この建造物はナント580年も前に建てられた文化遺産です。

ツアー仲間　オイオイ，ガイドさん。私は昨年も来て同じ説明を聞いたよ。

現地ガイド　ありがとうございます。で，なんですか？

ツアー仲間　ならば　581年前というべきだろう。

現地ガイド　……。

　これをどう考えたらよいか。

　また，この人が20年振りに再び来たとしたら？

　　　　　　　　　　　　　これは今から
　　　　　観光客　　　　　580年前にできた
　　　　　　　　　　　　　建造物です

（ヒント）ハイキングに来て琵琶湖に水筒一杯の水を入れると……。
（参考）「ガイドさん，さっき"吉野千本桜"といってたけど，道端に2本ほど枯木があったよ。だから998本桜だろ。」

3 落語『壺算』の中味

　"イカサマ"の語源は如何様であるという。つまり、「いかにもそのようだ」からきていて、後世になると、

　　いかさま師（詐欺師）、いかさま物（偽物）、いかさま話

などの語が、世間に広がるわけである。

　いわゆる詐欺師や悪徳セールスマンの手口はいろいろある。

・クスグリ術―――相手の気分をよくし、相手の心をほぐす。
・条件反射―――テレビのコマーシャルのように繰り返す。
・"皆さんが"流――世間の大部分が、隣近所は皆、とやる。
・半脅迫型（きょうはく）―――やや「おどし」を使う。（もうこれが最後）
・立て板に水式――相手に余裕を与えず、シャベリまくる。
・名言、諺利用――古今の有名人の言葉を用いる。　など。

佐　藤　先生のお話にあったように、いろいろなタイプの"押し売り"がありましたワ。

道博士　佐藤さんは、上のどれに弱いでしょうか。

佐　藤　自己意識過剰なほうなので、クスグリと皆さんが流にはコロリとなります。

道博士　詐欺師や悪いセールスマンは、それなりに人間の心理を学び、"お客攻略法"を心得ていますね。その点は感心だ。

佐　藤　先生、悪い奴の手口に感心しては困りますよ。

　　　　ところで、『古典落語』の中にも、商人と客とのやりとりのおもしろい話がありますね、『時ソバ』など。

道博士　そうそう。では有名な『壺算』について考えてもらいましょう。

第2回 『イカサマ話』を見破る

[質問]　壺屋さんとお客の会話，どう？

お客　さっき，一両の壺を買った者だが——。

壺屋　壺にヒビでも入ってましたか？

お客　そうではなく，二両の壺にしたいんだ。

壺屋　では，あと一両おねがいします。

お客　ナニをいっているんだい。

　　さっき現金で一両渡したね。この返す壺は一両だった。だから合計で二両さ。

　　では，この「二両の壺」をもらっていくよ。

壺屋　…………。（呆然(ぼうぜん)）

どこがおかしいか？

4 釣銭サギの手口

　『イカサマ話』で有名なものといえば右のもので，これらは忘れた頃，新聞，TVの社会ニュースで話題になっている。

○ネズミ講
○各種マルチ商法
○釣銭サギ
○オレオレサギ　など

　最近はインターネットなどの利用による，いかにも現代的な詐欺がどんどん増えているとか。
　これらの詐欺にあわない方法の1つの手段は，"算数・数学の智力向上"だ，と道博士は説いた。そのあとの質問。

清　水　私はこう見えても，ウンジュウ年前は"タバコ屋の看板娘"と呼ばれたんですよ，先生。

道博士　いまはどう呼ばれていますか。

清　水　"看板バァー"。嘘ですよ。
　　　　余計なことをいわせないでください。

道博士　これは失礼しました。
　　　　清水さんがあまりに威勢がいいので，つい，つられましてネ。で，質問は？

清　水　私は，ついこのあいだ，レイの"外国人釣銭サギ"にあいました。いま思い出しても，クヤシクッテ，クヤシクッテ！

道博士　その手口はどういうものですか。

清　水　世間の標準型？（右のもの）です。
　　　　いま質問に来ましたのは，「このとき，私はいくら損したのか」です。教えてください。

第2回 『イカサマ話』を見破る

[質問]　典型的な外国人釣銭サギの例

場所などの条件
  ・薄暗くなった夕方
  ・商店街のはじの位置の店
  ・店番がお年寄り

外国人の様子
  ・片言の日本語
  ・急ぐふりをする

騙しの手順
  ・右のようにする。

さて，この外国人釣銭サギはいくら儲け，お年寄りはいくら損したのか？

5千円札を見せ，240円のタバコを買う。

タバコ釣銭(4760円)を出す。

バラ銭とタバコはポケットに入れ，千円札1枚を加え，

5千円と釣の4千円，後の1千円，合計1万円で，1万円札に交換。サヨナラ！

5 できない立体の不思議

　『イカサマ話』も広くいえば，数学の論理の分野。

　これまでは雑談のようだが，実は算数・数学の有用性を別の角度からお話ししてきたのである，と道博士はいう。

　「これもやや詐欺師的で気になる」ことから，いよいよ算数・数学の直接話を展開することにした。そして，そのあとの質問。

須　田　私は前から不思議な立体の1つ，"古枡と京枡"について，わかるようでわからないなんだかモヤモヤが残っているので質問にきました。

道博士　レイの秀吉が天下統一したあと，『度量衡』(長さ，かさ，重さ)制度を改正したとき,それまでの「古枡」をやめて「京枡」に代えた，という話でしょう。

古枡　5寸　5寸　2.5寸

縦，横0.1寸ずつ，計0.2寸縮め，その分高さを0.2寸ふやした

京枡　4.9寸　4.9寸　2.7寸

須　田　ソウソウ，それです。

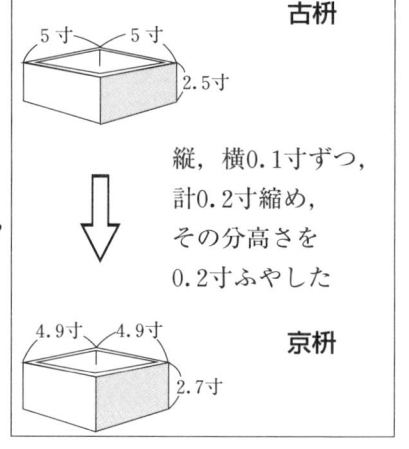

　縦，横それぞれ0.1寸，つまり合わせて0.2寸縮めた代わりに，高さを0.2寸ふやしているので"プラス・マイナス0"と思うのですが，実際の計算では京枡のほうが量は多い。

道博士　長い戦乱のあとなので，農民は計算ができず，秀吉にマルメコマレた，というわけ。でもその後，農民たちは量についての経験からズルされている，と気付いたといいますね。

須　田　で，私のモヤモヤは，どう片付けてくれますか。

[質問]　須田さんの「計算では納得するが実感ではモヤモヤが残る」これについては，回答のしようがない。

「ズルと思ってください」としか，いいようがない"感覚の問題"なのだ。

算数・数学の世界（計算，論理，図形領域）では似た話（材料）はいくらでもある。

で，右の立体の三角形，四角形は有名である。

上手に工夫すると，作れるというが，どのようにして作るか。

できなそうで…できる？

また，右の角材，丸材の不思議はどうか？

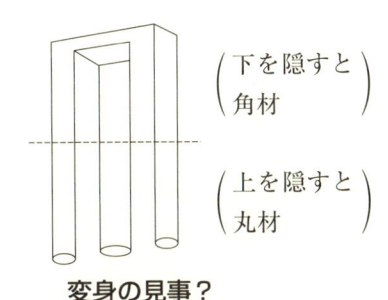

（下を隠すと角材）
（上を隠すと丸材）

変身の見事？

（参考）左ページの枡の量
　　　古枡＝ $5 \times 5 \times 2.5 =$ ☐
　　　京枡＝ $4.9 \times 4.9 \times 2.7 =$ ☐
　　　電卓で計算してみよう。

6 無限階段の奇妙

講義中，突如として，道博士がこんな問題を出した。

真上から見て円
真正面から見て四角 } つまり，
真横から見て三角 } 丸, 四角, 三角

に見える不思議な立体というのは存在しているか。
簡単にいえば作れるか？

真上から見て円，
真正面から見て
四角（長方形），
さらに
真横から見て
三角（二等辺
三角形）

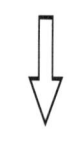

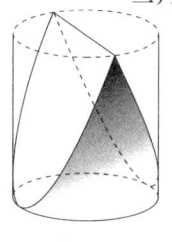

⇓

大根かお芋で実験してみよう

関根　私は，講義中ズゥ～と頭の中で，その立体をイメージしてみました。問題は三角形を作る切り方だと思うのですが——。

道博士　で，できましたか？

関根　はじめ素直に直線を考えました（注）。しかし，曲面では直線にならないことに気付いたのです。

道博士　うまく改良できたんですか。

関根　メモ（博士に見せる）では右上図のようになりましたが——。
　　　家に帰って，実験してみます。

道博士　もっと難解なのは，無限階段の謎です。

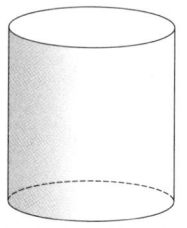

（注）こういう図を描く人がいるが正しいか？
（切り口）

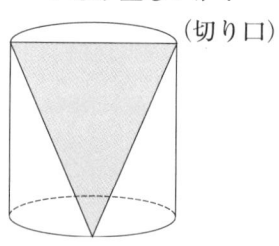

第2回 『イカサマ話』を見破る

[質問]　地球上では，物理的に"無限運動"の機械は作れない。

　しかし，エッシャー（オランダの版画家，19世紀）は，
　　望楼（1958年），滝（1961年）
など，"あるようで，できない"奇妙な建物の絵を発表している。

　右の無限階段（1961年）も有名なものの1つである。

　奇妙なるがゆえに，私は，
　　夢幻怪談
と呼ぶことにしている。

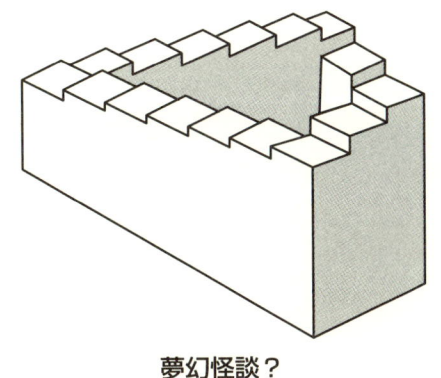

夢幻怪談？

　さて，どうなっているのか？

7 消えた100円？

　世の中の話では，ふつうに読むとなんでもないが，"「待てよ！」と考え込む"と，「おかしなこと」というものが数々ある。
　最古のものは，古代ギリシア，クレタ島の詩人で予言者のエピメニデス（B. C. 6世紀）による「クレタ人は皆嘘つきである」の循環論法に始まる，といわれている。この一言の「おかしなこと」は，彼自身がクレタ人であることによるのである，が。

相　馬　私は人間が単細胞なので，このようなヒネクレ話は性に合わないですよ。

道博士　いわゆるパラドクス（逆説，詭弁）が嫌いなのですね。残念ですね。

相　馬　"裏も読め"ということで？

道博士　世の中には
　　　　正邪，表裏，明暗，白黒…などがあるので片方だけの考えは危険です。右のそれぞれはどうでしょうか？

不思議な話
(1) この学年のビリは落第になる。
(2) 本日の終電車は出ない。

(1) ビリが落第すると，その次の人がビリになり，彼も落第。次々くり上がると，学年全員が落第。
(2) (1)と同様で，電車は1本も発車しないことになる。

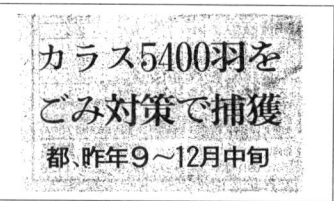

カラス5400羽をごみ対策で捕獲
都、昨年9～12月中旬

　上の見出しから，「都のカラスはほとんど全滅か」と思ってしまうが，解説では「都の生息数は約15万羽」という。
　カラスのうち $\frac{1}{25}$ ほどの捕獲では，たった4％位に過ぎない。
　一方的資料だけを信じないこと。

第2回 『イカサマ話』を見破る

[質問] 3人の友人が中古のマージャン一式を3000円で購入することにした。

店主は古いから500円まけるとして店員に渡したが，店員は「500円は3で割り切れない」と考えて200円を自分のポケットに入れ，300円を3人に100円ずつ「サービスです」といって渡した。

結局，3人は900円出したことになるが。計算では，

900円×3 ＋ 200円 ＝ 2900円
 ̄ ̄ ̄ ̄ ̄ ̄ ̄   ̄ ̄ ̄ ̄
3人の支払い　店員

さて，はじめ3000円だったので，その差額100円はどうしたのか？

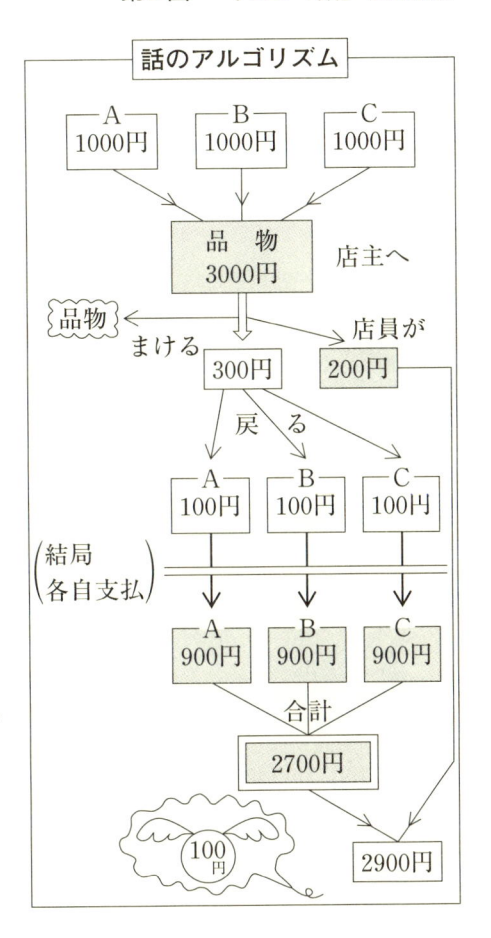

話のアルゴリズム

A 1000円　B 1000円　C 1000円
　　　↓
品　物 3000円　店主へ
　　　↓
品物 ← まける 300円　店員が 200円
　　　↓　戻る
A 100円　B 100円　C 100円
　　　↓
（結局各自支払）
A 900円　B 900円　C 900円
　　　↓合計
2700円
　　　↓
100円　　2900円

（参考）**パラドクス**（逆説，詭弁）

para——dox
（覆う）（真理）

para——sol　　パラソル（日傘）
para——chute　パラシュート（落下傘）
para——ffin　　パラフィン（防水）
para——dise　　パラダイス（天国）

paraとは
覆う，防ぐ，かくす
などの意味。

8 "ネズミ講"で儲ける法

　"ネズミ講（または，類似のマルチ商法）による多数の被害"
こうしたマスコミ報道は絶えることがない。

　「巧妙な手口を使う人間がいなくならないのが問題だが，それより，大昔？から注意され続けた，この種の犯罪にひっかかる無智で欲ばり族が，いつまでたってもいなくならないことに腹が立つ。」
と，ついつい講義で道博士が語ってしまうのである。

　控え室までついてきた，以前保険外交員をしていたという田中さんは，自分の体験から，

田　中　先生，私は保険勧誘で各家を訪問していましたが，保険サギが頻発していた頃はやりにくかったですよ。

> **本来有用なものなのに…**
> ○生命保険―――――殺人サギ
> ○偏差値―――――――生徒の格付け
> ○インターネット―出会い系サイト
> 　　　　　　　　　犯罪

道博士　かつて入試関係で「偏差値」が，また最近は「インターネット」が，悪の温床のようにいわれましたが，"講"を含め，元来よい目的のために考案されたものが悪用され，誤解を受けていることが多いものですよ。

田　中　保険なども，少し形を変え『マルチ商法』で利用されたことがあります。"ネズミ講やその類似のもの"が，法律で禁止されているでしょう。どんな点が不法だというのですか。

道博士　そもそも講とは何か？　から考え，"ネズミ講の仕組み"を分析して，問題点をアブリ出してみましょう。

　　　右の内容を考えてください。

第2回 『イカサマ話』を見破る

[質問] ネズミ講の基本は，『ネズミ算』的に下部会員をふやし，入会金などを上層部へ納入する，という方法である。

新型でわかりやすい例として，右を紹介する。これは，「6000円の投資で512万円になる」という勧誘広告である。順番に加入者すべてが儲かりそうであるが——。

何が違法なのか。

(注) 現代は『無限連鎖講防止法』で，この種のものは禁じられている。

ネズミ講の例
順位
①…… （1位は子が $2^{10}=1024$ 人になり，512万円を入手）
2
3 ←──── 5000円
7
⑧…… （8位は子が $2^3=8$ 人になり，8000円を入手）
←──── 1000円
9
10 　新入会員　（2人加入させる）
Ⓐ　Ⓑ…　①へ5000円，⑧へ1000円を送り，新たに2人加入させる

(注) 上の図のわからない人は129ページ

また，金銭的実害はないが，周期的におこなわれるものに，「幸福の手紙」——何日以内に10人の友人に同じ手紙を送れ，というもの——がある。最近ではメールで。

(参考) "講" の起源

奈良・平安時代 (8世紀〜)	朝廷や各寺でおこなわれた仏典講読集会。
室町時代 (14世紀〜)	寺のほか神社でも多くの講ができる。
江戸時代 (17世紀〜)	講員が講の維持費や旅行費のために積立て金を集める。後，金融にも役立てる。

ちょいしゃれ話　三方一両損と得の話

　落語，講談あるいは時代劇などにしばしば登場する江戸南町奉行の大岡越前守（18世紀）の『三方一両損』は見事な裁きとして有名である。

　『三方一両損』の概略

　3両という大金を拾った左官が，その袋を落とし主の大工へ届けたことから，「渡す」「いらない」の江戸っ子の喧嘩になり，ついに大岡裁判を受けることになる。

　その結果，大岡が1両をたして4両にし，3両手にするはずの2人には2両ずつ渡して"3人が1両ずつ損をした"ことで一件落着という話。

　『三方一両得』の概略

　この話を耳にした悪知恵の2人が，1両2分ずつ出し合って3両とし，いざこざの末裁判沙汰へと持ち込む。

　この『イカサマ話』を読み取った大岡は3両から，この2人に1両ずつ渡し，自分も1両取って，"3人が1両ずつ得した"で，一件落着。つまり，悪知恵の2人は2分（1両の半分で2万円位）を損した。

　（注）昔話の「花咲かじじい」や「カチカチ山」（タヌキの泥舟），「舌切り雀」のような2段階の"善悪話"である。

生涯学習大学 "算数教室 数学教室"　　（講師）道 志洋博士

第3回
小物遊び，道具利用パズル

1　マッチ棒のいろいろ
2　碁石拾い——拾いもの
3　『ママ子立て』という古パズル
4　白球を黒球に当てるワザ
5　"タイル張り"の工夫
6　紙の裁断——ずらす
7　紙の裁断——変える
8　図形の四等分問題
［ちょいしゃれ話］「南京玉すだれ」の秘密

"算数遊び"の中で知恵を育てよう

1 マッチ棒のいろいろ

　少し知能が高い動物になると，「仲間同士の遊び」があると，動物学者はいう。

　当然，高等動物の人間は，"暇の上手な使い方"の1つとして，いろいろ身近な小物や道具を使って遊んでいる。

　これは，世界中どこの民族にも見られるが，ここでは日本の，しかも平和が長かった江戸時代を中心にして考えてみよう。

　一番バッターは「マッチ棒パズル」としたが，これはもちろん江戸時代にはない。しかし，つまようじや小枝，箸などを使って同じ遊びをしたと想像してみよう。

　講演のあと「パズル，クイズ大好き人間」を自称する人が来た。

千　葉　私は子どもの頃から一人遊びが好きで，手近にある小物，たとえば，石，小枝，紙などを使っていろいろな遊びを工夫し，楽しみました。

道博士　江戸時代の庶民も，夕涼みなどで夜長を楽しんだようですね。平和だし，遊び好きだったのでしょう。

千　葉　いまはライターが普及し，マッチ棒を手にすることが難しい時代になりましたが，私の子どもの頃は，ドコニデモ，ごろごろあった上，パズル本にも"マッチ棒パズル"がずいぶんありましたよ。なつかしいワ。

道博士　では，ローマ数字による次のパズルに挑戦してみてください。

第3回 小物遊び，道具利用パズル

[質問] 右のローマ数字を頭においで，次のおのおのに答えよ。

（参考）

ローマ数字	
1	I
2	II
3	III
4	IV
5	V
6	VI
7	VII
8	VIII
9	IX
10	X

(1) マッチ棒を1本動かして正しい式にせよ。

$$X + I = IX$$

(2) 2本を動かして正しい式にせよ。

① $III + I = X$

② $III + II = VI$

(3) 6本のマッチ棒を使って，三角形を4つ，作れ。

49

2 碁石拾い——拾いもの

　"小物遊び"といえば，日本伝統のものは碁石を材料にしたもので，それこそ奈良・平安の大昔から貴族，庶民の間で広く楽しまれ，かつ種々の遊びがあった。

　道博士は，『日本数学史の謎』という本の執筆のための資料収集で，『**和算**』（日本独特の数学）発祥地，京都へは17回も足を運んだ。（その都度，1～2泊以上するので滞在総計1か月余にはなる。）

　資料の1つが，西本願寺の向かいにある「京都風俗博物館」に作られた『六条院』(光源氏館，別邸)の縮小モデルで，この中に女官たちの読書，カルタ取りなどの姿に交じって下の写真のような"碁遊び"もあった。今回はこのような写真紹介により，珍しさ，美しさで，会員たちをよろこばせた。

津　川　先生，さっき見せてくださった『六条院』の内部の写真は，とても感動しました。私は『源氏物語』が好きでよく読みますが，このミニチュア（右写真）は実感があり，私も入っていけそうな雰囲気をおぼえました。

道博士　"碁"には興味がありますか？

津　川　私はせいぜい並べるぐらいですが，主人が好きで，いつも部屋の隅に置いてあります。

道博士　では，一番素朴な"拾いもの"に挑戦してもらいましょう。①から始めて碁石を全部取ってください。

『六条院』モデル内
女官が碁をしている

第3回　小物遊び，道具利用パズル

[質問]　碁石を使った数々の遊びの中でも，"拾いもの"というのが江戸時代，大いにはやった。

これは右の(1)，(2)のように碁盤に並べてある碁石を①から始め，線にそい順に取り進め，すべてを拾う，というものである。

右の図を使い，あるいは実際に碁盤の上で試してみよ。

途中の石をとばしたり，同じ線上をあともどりしてはいけない。ただし，取って空白になったところは通ってよい。

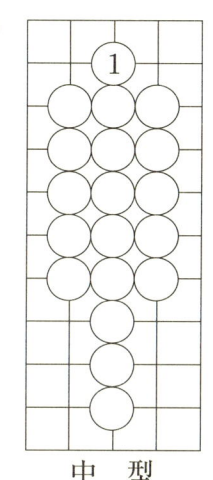

(1)

中　型

(2)

井　型

『六条院』正面全景のミニチュア（京都・風俗博物館にて撮影）

3 『ママ子立て』という古パズル

　まことに可哀相でいやな事件の1つに，新聞でよく目にする右のような記事がある。

　しかも，こうした事件があとを絶たず，残念に思う。「連れ子」は，昔「継子(ままこ)」(いまは差別語)と呼び，小説や時代劇などにいろいろな形で扱われてきている。

　継子いじめは，"人間の親"(義父母)というより，動物的本性によるものではないか，とさえ考えてしまう残忍行為である。

　古今東西，継子養育，家名継承や遺産分配などでもめていることからも，根の深い課題であろう。

寺　島　先生は，ここだけだが——，とおっしゃって継子の語を使われましたが，似た差別語が多く，古典落語など困るでしょうね。

道博士　個人的攻撃，名誉毀損でなく，"昔物語"として使うならいいでしょう。数学史上でも，遺産の配分比などで問題が作られていますよ。

寺　島　さきほど紹介された『徒然草』？

道博士　内容を説明するのでやってみてください。

> 同棲中の無職男が妻の連れ子を虐待し，体罰死させた。
>
> **新聞記事**

> 『徒然草(つれづれぐさ)』(第百三十七段)
>
> 継子立(ままこだて)といふものを双六(すごろく)の石にて作りて，立て並べたるほどは，取られん事いづれの石とも知らねども，数へ当てて一つを取りぬれば，その外は遁(のが)れぬと見えて，またく数ふれば，……

第3回　小物遊び，道具利用パズル

[質問]　ある資産家が30人の子を残してなくなった。

　この家は，当時後妻が仕切り，30人の子の構成は，前妻の子（継子）15人，後妻の子（実子）15人である。

　後妻は，後継者がただ1人のため自分の子にしたいが，露骨な方法を避け，一見公平をよそおい，継子，実子を右のような円型に並べ，甲から始め右回りで10番目ごとを失脚させることにした。第1段階で誰が失脚するか調べてみよ。

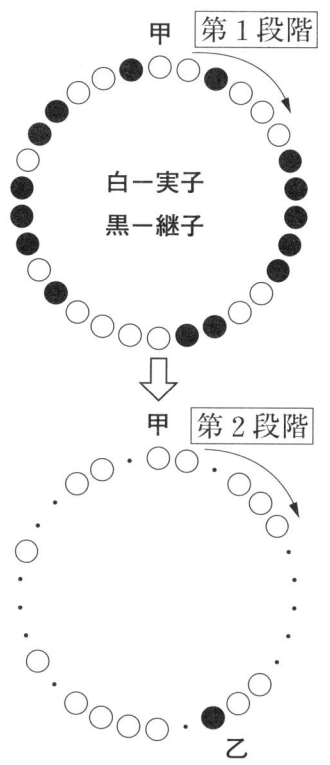

第1段階　甲
白―実子
黒―継子

第2段階　甲
乙

　さて，継子（乙）が1人残ったところで，乙が「あまりに私の仲間が消えるのでいまから，自分から数え始めてくれ」といい，後妻はそのようにした。結果はどうか？

　（参考）西欧でも，似た問題が多い。

　このときは，キリスト教徒とユダヤ教徒，あるいは白人と黒人などを対立させている。問題そのものは見事な構成であるが，一歩数学から外にでるといずれも不穏当である。

　日本の初出は，平安時代末期『**継子算法**（けいし）』（1157年，藤原通憲著）であるが，これは彼独自の作か，伝来か不明である。

4 白球を黒球に当てるワザ

世の中の会話や討論などでは，
「白か黒かをハッキリさせろ！」
「白を黒といいくるめるナ！」
「これは白と黒との間の灰色だ」
などと，白黒が使用されている。
碁石はマサにそれであるが，ビリヤードやゲートボールなどでも色違いで白球と黒球（赤球）が使われることがある。

　まあ，それはさておき，"球当てゲーム"を考えてみることにする。

豊　岡　　私が子どもの頃，水泳合宿所などの娯楽室に，ビリヤードの小型のような，円型の平板を指ではじき，フチに当てたりして，相手の玉を穴につき落とす『カロム』というゲームがありました。いまもあるかナ。

道博士　　上手だったのですか？

豊　岡　　合宿所では一番でしたね。そのため大人になったら，すっかりビリヤードにこってしまいました。

道博士　　本式のビリヤードではキュー（棒）を球の上下，左右に当て回転を利用するなどの高度な技術が必要でしょう。

豊　岡　　マア，その技がおもしろいんです。

道博士　　では，単純にした問題で，次の球当てを考えてもらいましょう。ここは豊岡さんの経験と理論の問題！

第3回　小物遊び，道具利用パズル

[質問]　次の問題を考えよ。

(1) 白球をフチに当てた後，黒球に当てたいとき，点Pの位置を求めよ。

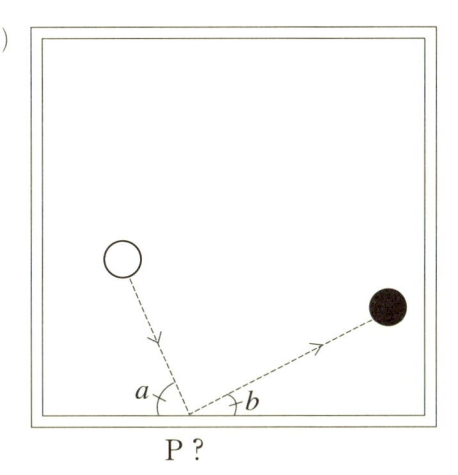

(1)

ヒント：$\angle a = \angle b$

(2) 白球をフチに2回当てた後，黒球に当てたいとき，点P，Qの位置を求めよ。

(2)

(参考) 物理学で学ぶ
　　　（入射角）＝（反射角）
　　　を利用する。

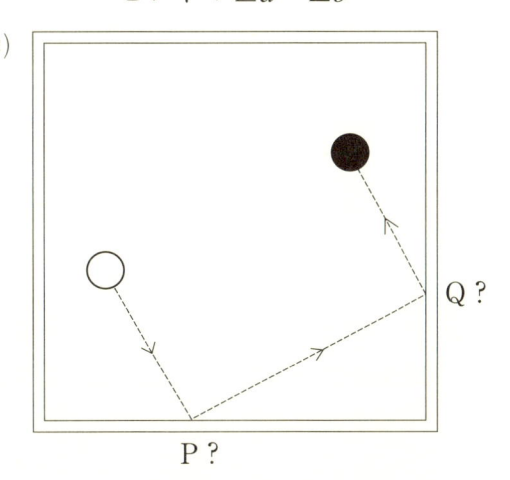

5　"タイル張り"の工夫

"世界の道はローマに通じる"
"東海道は，江戸，京都の一本道"
など，自動車のない時代から交通の多い主要道路は石で敷き詰め，歩きやすいように，人々は努力してきた。

やがて，石切りの技術が進み，さらに焼きレンガ，タイルなどが工夫されて道路は美しく敷き詰められた。

平面の敷き詰め，その基本は
　　正三角形，正方形，正六角形
である。

しかし，その組み合わせや変形で，その後，右のような種々の形による平面の敷き詰めが考案された。

> 平面を合同な図形で敷き詰める
>
> ○風呂場，ホテルの床
> ○宮殿の壁面
> ○街の歩道　　など

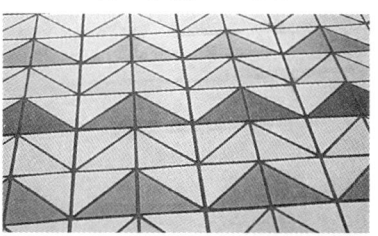

歩道の敷石

中　村　最近ドンドン開発されている街では，ビル街周辺の歩道も見ごたえがありますね。

道博士　私など，取材を兼ねて歩いているので，いつもカメラ持参ですよ。歩道だけ見て歩いてもおもしろい。ときには，お金を拾うこともあったりして——，これはウソです。

中　村　基本の正三角形,正方形,正六角形からの変形というのは？

道博士　それは面積を変えない（等積変形）方法です。実際に変形をやってごらんなさい。

第3回 小物遊び，道具利用パズル

[質問] タイル張りされた床のタイルを，面積を変えないカワイイタイル張りにしたい。

(1), (2)それぞれについて，改作，類作（ちょっと似たものに）してみよ。

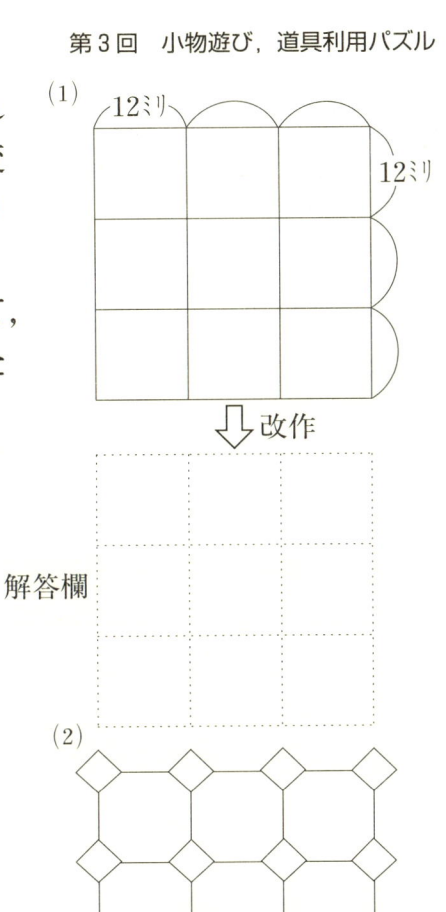

(1) 12ミリ　12ミリ
⇩ 改作
解答欄

(2)
⇩ 類作
解答欄

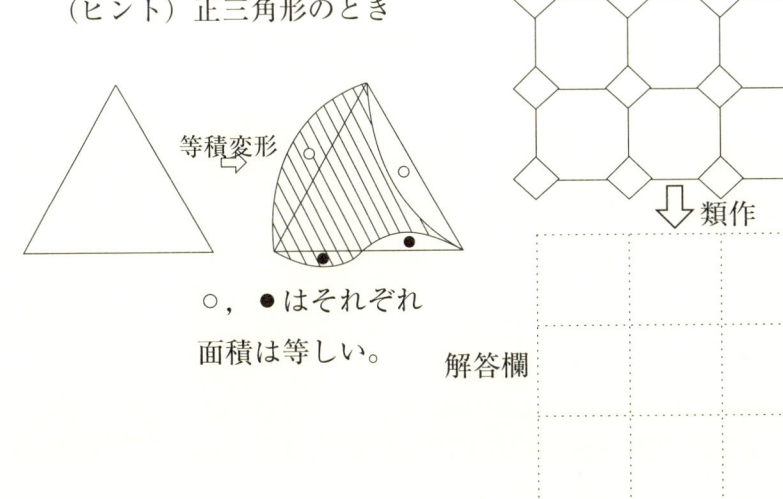

（ヒント）正三角形のとき
等積変形
○，●はそれぞれ面積は等しい。

6 紙の裁断——ずらす

　物がなかった昔に限らず，なんでもある今日でも，小切れ，端切れの生地や布を集めて新しいものを作ったり，汚してしまったテーブル掛けなど上手に改作して楽しむ，ということは多い。

　遊び好きの日本人は，伝統的に，布や紙を使って，切ったり，貼ったりなどしパズル化している。

　基本的なルールは，"できるだけハサミを入れない"というもので，ここに面積計算の直観力が求められてくる。

　道博士は講義で，江戸時代の有名な庶民本 2 冊，

　　『改算記』，『勘者御伽双紙』（右ページ）

について簡単に説明したあと問題を出した。

西　崎　私は，いま趣味でパッチワークをやっているのです。布地の形や色など工夫して並べてから縫い，出来上がりを楽しんでいます。

道博士　世の中にただ 1 つの品，という点で，うれしいでしょう。

西　崎　ただ 1 片 1 片の形は単純なので，もう少しその辺を工夫したいと思い，この生涯学習大学で学ぶことにしました。

道博士　オヤオヤ，私の責任も重大ですね。前ページも参考に——。では，次の問題から入りましょう。考えてみてください。

第3回　小物遊び，道具利用パズル

[質問]　次は『改算記』（1659年，山田正重著）にのっていた問題である。

「これをハサミで2つに切り（一刀），つぎ合わせて正方形にせよ。」

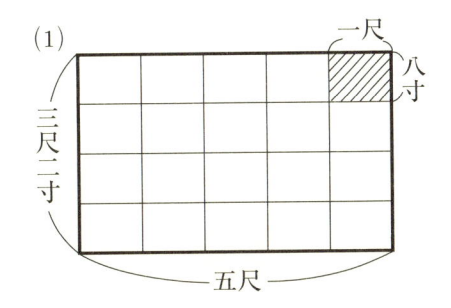

(1) 三尺二寸／五尺／一尺／八寸

次は『勘者御伽双紙』（1743年，中根彦循著）にある問題の改作である。

「右の矩形（長方形）にハサミを直線で2回入れて，正方形にせよ。」

(2) 四尺／八尺

(注)　"勘者"とは勘定する人（者）という意味。
　　　矩形の"矩"とは直角のこと。
(参考)　古代中国の測量については規矩準縄（コンパス，直角定木，水準器，巻尺）という語がある。

巻末に実験用厚紙がありマース

7 紙の裁断——変える

"ソフィスト"とは，紀元前400年頃から，古代ギリシアの各地，特に中心地アテネで活躍した学者たちの集団をいう。

彼らは，初期は"町の教育者"として，町かどに立って教育について論じていて人々の尊敬を集めていた。ところが次第に堕落し，人々に難解，不思議の話題——いわゆるパラドクス——を出し，得意になったため，人々から詭弁学者としてけいべつを受けたという。

彼らの詭弁には数々あり，道博士は自分の得意分野として会員を煙にまいてよろこんでいた。

詭弁の例

ここに書いてあることの中に誤りがある。
(1) 3 + 5 = 8
(2) 7 > 4 + 1
(3) 円はまるい。

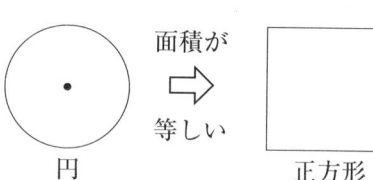

沼　田　私は洋服の裁断をやっていまして，和服と違い，曲線が多いのですね。

　　　だから，先ほど話のあった，円を，面積の等しい正方形にする，"円積問題"というのに興味があります。でも，お話のようにほんとうにできないんですか？

円　→面積が等しい→　正方形

道博士　これは"できない"ことが19世紀に証明されています。

沼　田　曲線図形と直線図形の関係ということですね。

道博士　直線図形を直線図形に変えるのは比較的簡単なので，次の問題をやってみてください。

第3回 小物遊び，道具利用パズル

[質問] 次の正十字図形について下のおのおのに答えよ。

(1) ハサミを，直線で2回入れ，その4片を並べ変えて，正方形に変えよ。

(2) ハサミを，直線で4回入れ，5片にし，それを組み合わせて正方形に変えよ。

(注) 前ページの詭弁の例では，「はじめの文章が誤り」である。（算数内容はみな正しい。）

8 図形の四等分問題

人間の社会では，古代から共同作業や共同出資による利益の等分（あるいは比例配分）や遺産分配など，分けるという仕事を工夫してきている。

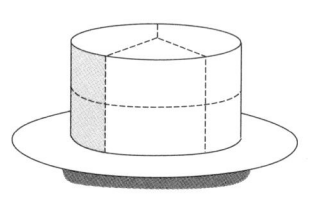

"等分"ということで，数学史をにぎわしているものが，『作図の三大難問』の1つ

<u>任意の角の三等分作図</u>

である。

ケーキの六等分

ひも(線分)の三等分

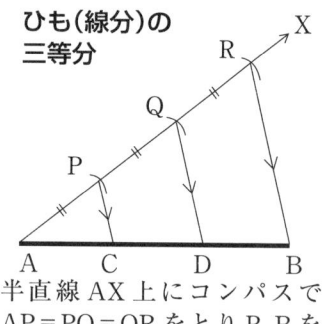

半直線 AX 上にコンパスで AP＝PQ＝QR をとり R,B を結び，Q,P から平行線を引く

2400年前の問題で，多くの数学者が挑戦し，器具を使うならできるが，定木，コンパスの有限回による作図は誰もできなかった，という話について，

根　本　私は学生時代に考え，できたように思います。

道博士　そうした人はいまもいて時々見知らぬ人から"作図できたので読んでほしい"と手紙が来ますよ。

根　本　正解がありましたか？

道博士　何しろこれは19世紀に，"作図不可能"が証明されています。やってみてもムダですよ。

根　本　なんだか，できそうなのですが――。

道博士　それよりも次の問題をやりましょう。

角の三等分

直角のときだけ，三等分できるんだよ

第3回　小物遊び，道具利用パズル

[質問]　1つの図形を四等分する工夫をせよ。

正三角形の場合を例にとると右のようにすればよい。

（参考）正三角形

これを参考にして(1)，(2)を四等分してみよ。

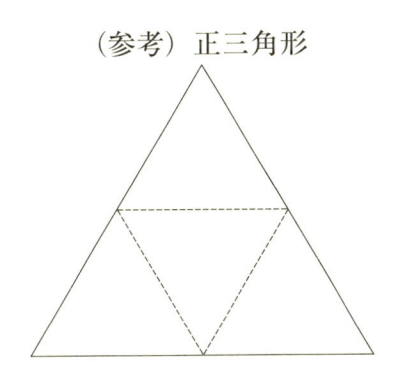

(参考)

遺産の土地の四等分

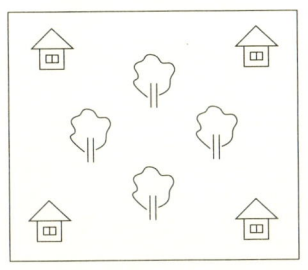

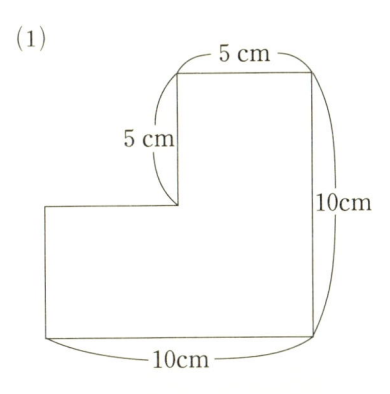

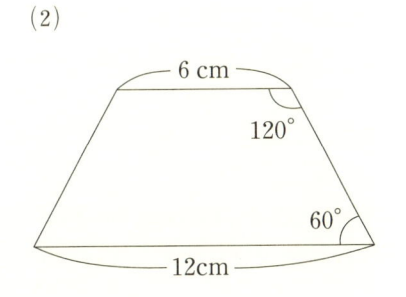

直線で分けてみよう

(1) L字型　5cm、5cm、10cm、10cm

(2) 台形　上底6cm、下底12cm、角120°、60°

ちょいしゃれ話 「南京玉すだれ」の秘密

"南京"といえば，これを冠した言葉が日本に数々ある。

南京錠(カギ)，南京豆，南京虫，南京ねずみ，南京小桜，…中でも有名なものが「南京玉すだれ」。次のセリフで始まる。

"アッ,サテ,アッ,サテ,アッ,サテ！　サテは南京玉すだれ…"

これは曲芸でも手品でもないのであろうが，竹の棒の束1つで何十種の形を作り上げる見事なものである。

連続的な変形のワザ！

知人の蕪山氏――大学時代マジシャン・クラブ部長――にその美技を披露してもらったあと，この道具の構造について南京料理を食べながら説明を受けた。

いやはや，その複雑な千変万化の造形にしては，その道具が意外に単純なので驚いたのである。

（基本構造）50本の竹の棒を上下2本のひもで，下のようにスノコ状にしたもの。ただ，自由に動く。

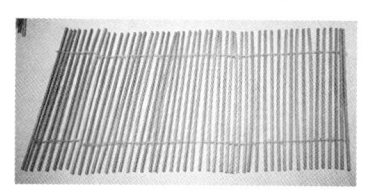

（余談）『南京料理』店内にある南京市街風景の衝立

南京玉すだれ

演技：蕪山敏男氏

生涯学習大学 "算数教室 数学教室"　（講師）道 志洋博士

第4回
「電卓使い」計算の奇妙発見

1　答の不思議？
2　8の欠けた計算式
3　1並びの積から生まれる数
4　9は中国で"皇帝の数"
5　1つ違いの平方の差
6　平凡な数がもつ非凡！
7　中国のソバ名人「針の穴の太さ」
8　1と2だけの連分数の有用性
［ちょいしゃれ話］厚さ1mmの紙を22回折ると…

"フシギ"に気付く秀逸感覚をもちあわせよう

1 答の不思議？

　もう数十年も前のことになるであろうか。電卓が開発され，「キー」1つで，素早い計算が可能になって人々が驚いたのは——。

　それから間もなく，伝統のソロバンと新参の電卓との**公開試合**の場面を何度か TV で放映され人々が見た。

　当初はソロバン名人の勝利であったが，電卓は日進月歩に改良されているので，今日試合をしたら勝敗はどんなものか？

　算数・数学は他のモロモロの学問と異なり，一本道なので勝負がきめられる。論理も含めると，右のように古今東西，各種の試合がおこなわれている。これは，"数学の特徴"といえるものであろう。

　電卓を手にした質問者，

```
公開試合
古代ギリシア     ピタゴラス学派
(紀元前                    （正論）
 5〜4世紀)     エレア学派
                          （邪論）
古代中国       儒教      （正論）
(上と同じ)     道教      （邪論）
イタリア(16世紀)——方程式解法
和算(17, 18世紀)——『算額』や
                       『遺題』
現代————数学オリンピック
```

野　沢　私は子どものときから数に弱く，計算は間違える，電卓など機械はダメ，の計算ダメ人間なんですが——。

道博士　昔から"数学者は計算不得手"といわれていますから，日常困らないくらいならいいでしょう。多少計算がヘタでも——。

野　沢　**数勘**とか，**計算勘**は生まれつきですか？

道博士　努力ですが，"計算天才"がいる，という報告は耳にしますよ。まずは，電卓で次の計算をしながら考えてみましょう。

第4回 「電卓使い」計算の奇妙発見

[質問] 次のおのおのを電卓を使って答えよ。

(1)の「答は筆算でした場合の
答 "2" とは異なる。その
不思議」を説明せよ。

(1)　$2 \div 3 \times 3$
　　　　$=$ ☐

(2)は循環小数になる。循環の
節（桁数）が除数の7より
小さい理由を説明せよ。

(2)　$1 \div 7$
　　　　$=$ ☐

循環──
　最後はどうなる？

(注) (1)は $1 = 0.999\cdots\cdots$
　とかかわる問題。

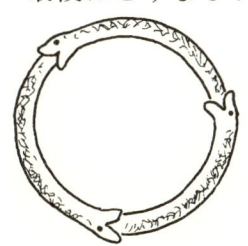

2 8の欠けた計算式

　日本でのソロバン人口は減ったといえど，まだまだ日本を代表する計算器具であり，日本の子どもの計算力世界一をささえているものと信じられている。ここで電卓と争えるスグレモノの歴史についてちょっと調べてみよう。

　そもそもは遠く，古代ギリシア・ローマにその先祖をもつ**アバクス**(下)という素朴な計算器が，商人などによってシルクロードを通り，紀元2世紀頃，中国の都『西安』へと持ち込まれたのに始まる。

　初期，溝のバラバラの小石が，いつ頃どこで串刺しにされたのか，道博士は西安で1週間かけて調査したが発見できなかった。

原　口　その"**胡算**"と先生が名付けておられる中国算盤（さんばん）の前身についてのお話はとてもロマンがあっていいですね。

道博士　西からシルクロードを通って中国に来たものには皆"胡○"の名がついています。

原　口　日本へは江戸初期（17世紀）に伝えられ，**ソロバン**と呼ばれたのですか？

道博士　それが機械化されて電卓です。使ってみましょう。

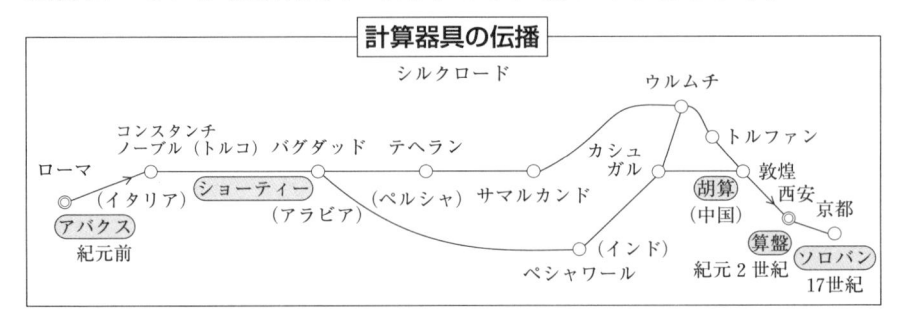

アバクス（大理石／溝／小石）

計算器具の伝播

ローマ（イタリア）〔アバクス〕紀元前 — コンスタンチノープル（トルコ）〔ショーティー〕— バグダッド（アラビア）— テヘラン（ペルシャ）— サマルカンド — ペシャワール（インド）— カシュガル — ウルムチ — トルファン — 敦煌 — 〔胡算〕西安（中国）紀元2世紀 — 〔算盤〕京都 〔ソロバン〕17世紀

第4回 「電卓使い」計算の奇妙発見

[質問] 1～9のうち"8"がない数１２３４５６７９に9，18，27を掛けてみると，どうなるか？

電卓で答を求め，その結果，気付いたことを述べよ。

(1) 12345679×9
= ☐

(2) 12345679×18
= ☐

(3) 12345679×27
= ☐

余談ですが

日本でもよく知られている「胡○」の例
胡瓜（きうり）　胡蒜（にんにく）　胡弓（こきゅう）
胡桃（くるみ）　胡菜（こうな）　胡笛（ふえ）
胡麻（ごま）　胡椒（こしょう）　胡楽（こま）
たくさんで，胡丸（困る）？ウソ……
　　　　　　　　　　40以上ある

（注）以上は著者が現地専門ガイドから取材したものである。

3 1並びの積から生まれる数

　"**自然数**は神が創り給うた"（他の数は人間が創った）という名セリフはドイツの数学者クロネッカーであるが，自然数研究は古くは古代ギリシアのピタゴラス，近世ではドイツのガウスなどなど。
　自然数への魅力と興味そして不思議には尽きないものがある。
　前ページの電卓計算では，"同じ数字の行列"で，その見事な結果がでたとき驚いたであろう。

平　山　12345679という8を欠いた自然数に，9を掛けて「＝」キーを押したら，それまで別々の数字が一瞬にして1並びに変わり，ビックリしました。
　　　　電卓がこわれたか，押しまちがえたか，と。

道博士　こうした計算に出会うと，神秘的なものを感じますね。

平　山　まだ，何かおもしろいものはないか，とデタラメに押し続けてしまいます。

道博士　では，続いて次（右ページ）の1並びの計算をやってみてください。もし興味があったら，下の計算もどうぞ。

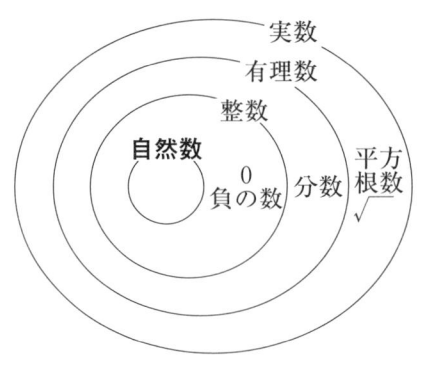

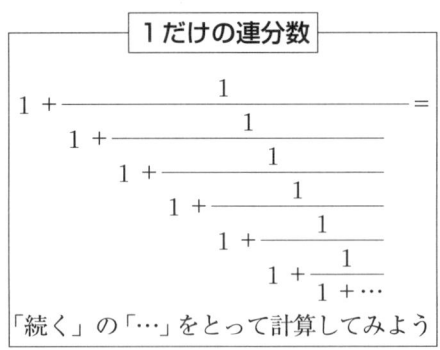

（図：実数・有理数・整数・自然数・0・負の数・分数・平方根数√ の包含関係）

1だけの連分数

$$1 + \cfrac{1}{1 + \cfrac{1}{1 + \cfrac{1}{1 + \cfrac{1}{1 + \cfrac{1}{1 + \cdots}}}}} =$$

「続く」の「…」をとって計算してみよう

第4回 「電卓使い」計算の奇妙発見

[質問]　電卓で，(1)〜(3)の1並び数の計算をし，答から発見したことを述べよ。

(参考) 1だけの**連分数**（前ページ右下）から「…」をとり，下から順次計算すると，その値は次々

$$\frac{1}{1},\ \frac{2}{1},\ \frac{3}{2},\ \frac{5}{3},\ \frac{8}{5},\ \frac{13}{8}$$

となる。

$\frac{13}{8} = 1.625$

(1)　111×111
　=

(2)　1111×1111
　=

(3)　11111×11111
　=

これは1：1.6のとき**黄金比**（黄金分割）と呼ばれる美しく安定した分割の比で，古代ギリシア時代から用いられている。（数式と図形の美）

ちょっと，ドキッ！　としますが，ねむ気ざまし，目の保養にはいいでしょう。
　巨匠ウィリアム・ブーグローの名作「ヴィーナスの誕生」から。オヘソで黄金比になっている

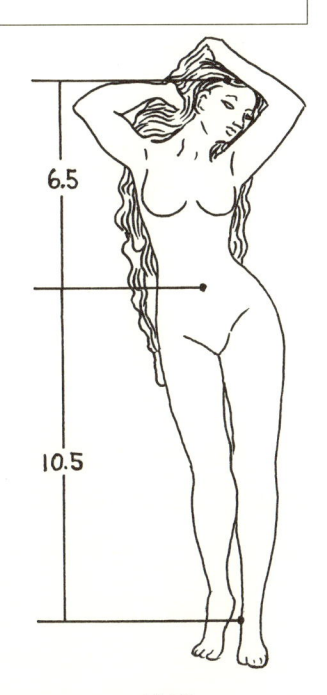

(注)　黄金比はギリシアのパルテノン神殿，フランスの凱旋門など有名。

4　9は中国で"皇帝の数"

　自然数の基数1～9では，1と9が特別の数とされている。

　中国は昔から「基数で一番大きい」ということで，"9は皇帝の数"とされ，宮廷の扉の鋲（びょう）の数や敷石の数などに，9やその倍数が用いられている。一方，1はすべての"ものの始まり"（当時は0はない）と考えて，貴重な数としていた。

　そこで，ここでは1と9にかかわる問題を考えよう。

福　沢　いささか幼稚な質問になるのですが，いいでしょうか。

道博士　なんでもいいですよ。ドウゾ，ドウゾ。

福　沢　掛算九九は，小学校2年，3年で記憶させられましたが，いつ頃だったか，九の段の答で2桁の数字の和がすべて9になるのに気付き，驚きました。ナゼですか？

道博士　スゴイ発見ですよ。
　でもナゼと問われてもネ。9は不思議な数（次ページ，九去法）としかいいようがありません。

福　沢　残念ですナ。興味をもったのに──。

道博士　まあ，そういわず，次の計算をしましょう。

九の段の九九と答
9 × 1 = 9　（0 + 9）
9 × 2 = 18　（1 + 8）
9 × 3 = 27　（2 + 7）
9 × 4 = 36　（3 + 6）
9 × 5 = 45　（4 + 5）
9 × 6 = 54　（5 + 4）
9 × 7 = 63　（6 + 3）
9 × 8 = 72　（7 + 2）
9 × 9 = 81　（8 + 1）

中国・宮廷の扉の鋲は 9 × 9

第4回 「電卓使い」計算の奇妙発見

[質問] 電卓で(1)の計算をせよ。

答の形式がわかったら、(2), (3)も同じようになるかを、電卓でたしかめよ。

(1) $12345678 \times 9 + 9$

= ☐

(2) $123456 \times 9 + 7$

= ☐

(3) $1234567 \times 9 + 8$

= ☐

(参考) **九去法**という検算法

「2754, 8564は9で割り切れるか」

速算法

$2 + 7 + 5 + 4 = 18$

$1 + 8 = \underline{9}$ 割り切れる。

$8 + 5 + 6 + 4 = 23$

$2 + 3 = \underline{5}$ 割り切れない。

方法   数の各数字の和を求め、1桁になるまで加え合わせることを続ける。

その数が0か9なら割り切れ、そうでないとき、それが「余り」となる。

手軽な検算法として便利である。

(注)

```
     3 0 6
9 ) 2 7 5 4
    2 7
    ─────
      5 4
      5 4
    ─────
        0
```
割り切れる

```
     9 5 1
9 ) 8 5 6 4
    8 1
    ─────
      4 6
      4 5
    ─────
        1 4
          9
        ─────
          5
```
余りが5

5　1つ違いの平方の差

　われわれの身の回りを見渡すと1つ違いの兄弟，姉妹という，いわゆる「年子(としご)」は，結構多いものである。

　スポーツ界，芸能界，あるいは学問，芸術方面でも，その年子が競い合うというのをよく目にし，耳にする。残念ながら往々にして下の方が自由奔放で目立つ活躍をしているものである。

　「残念ながら」といったのは，道博士自身，年子の上（兄）で，つねに弟に追われた気分で育っていた記憶があるので，ややグチッポクなる。

　一卵性双生児でもＡ児（兄，姉），Ｂ児（弟，妹）相互の間に，性格，行動面で大きく相異が生じることは，日米独それぞれの研究で明らかになっている。いわゆる長男・長女型，次男・次女型といわれるものである。

辺　見　私は年子の次女だったので，明るく勝手に振る舞い，困ったことは姉があと始末をしていましたね。真面目で几帳面だけど固くて融通がきかない，姉は——。

道博士　姉に感謝しなさい。私は姉の気持ちがよくわかる。

辺　見　ソウソウ，質問に来たのです。数学の中にも年子というか，双子なんてありますか？

道博士　ちゃんとあるのです。**双子素数**ネ。では，電卓で，「1つ違いの数」の平方の差について，次の問題を計算してごらんなさい。

双子素数

$$\begin{cases}3\\5\end{cases} \begin{cases}5\\7\end{cases} \begin{cases}11\\13\end{cases}$$

$$\begin{cases}17\\19\end{cases} \begin{cases}29\\31\end{cases} \begin{cases}41\\43\end{cases}$$

無限にあるらしい？
（未解決分野）

第4回 「電卓使い」計算の奇妙発見

[質問] 下の(1)を電卓と筆算とで答を求めよ。

もし，ルールを発見したら
(2)，(3)は暗算で答を得よ。

(1) $56^2 - 55^2$
  =

(2) $556^2 - 555^2$
  =

(3) $5556^2 - 5555^2$
  =

スゴイ桁(けた)の計算になりそうだが，
公式
$a^2 - b^2 = (a+b)(a-b)$
を使えば，暗算で
チョチョイのチョイさ

6 平凡な数がもつ非凡！

『ノーベル賞』といえば，世界中の秀才中の秀才というか，"天才的な研究者"が受賞するものである。つまり，非凡な人のみが手にすることができる賞といえよう。

ところが，2002年のノーベル化学賞は――素晴らしいことなので実名をあげる――ナント，大企業とはいえ，それまでほとんど無名の一社員研究者，田中耕一氏が受賞され，日本中を驚かせ，感動と勇気と，そして希望を与えてくれた。

非凡すぎて"平凡でない"のが見えない

まさに，「非凡すぎて平凡な人」に見えた物語であろう。

保　科　本当にものすごいことでしたネ。しかも謙虚でユーモラスで，これまでの日本人タイプでないのが特徴でしたネ。

道博士　数学界でも右のように，特別に名の付いた数もありますが，一方，一見普通の数なのに，これを分析してみると，"非凡な数になっているのを発見する"，というものもあります。

保　科　"数の分析"って，どういうことですか？

道博士　数がどのようにできているか，つまり素数の積にしたり，平方数の和にしたり，など分解することです。

次の計算をして，元の数をみつけてください。

非凡な数
6 ――完全数
9 ――皇帝の数
36――聖なる数

素数とは，ある数の約数が1と自分以外にないものをいう

第4回 「電卓使い」計算の奇妙発見

[質問]　次の(1), (2)はともに「連続した平方数」ということで非凡な式であるが, 計算の結果は平凡な数になる。

電卓でたしかめよ。

(1)　$10^2 + 11^2 + 12^2$ = ☐

(2)　$13^2 + 14^2$ = ☐

また, (3)はトランプ53枚の総数和を示す式（ジャックを1とした）である。この答を求めよ。

(3)　$(1+2+3+4+5+6+7+8+9+10+11+12+13) \times 4 + 1 =$ ☐

(参考) 名の付いた数
　　○365は「サムイ数」
　　　　$91 \times 4 + 1$
　　○1001は「シェヘラザーデ数」
　　　　$91 \times 11 = \underline{7 \times 13 \times 11}$
　　　　　　　　　　　全部素数

(注) これは有名な『千一夜物語』の語り手とされているシェヘラザーデ王妃にちなんだ数。

91段 × 4面 + 1段　の階段
1面の数　　最上段
をもつ「暦のピラミッド」
（メキシコのチチェン・イツァ）

7 中国のソバ名人「針の穴の太さ」

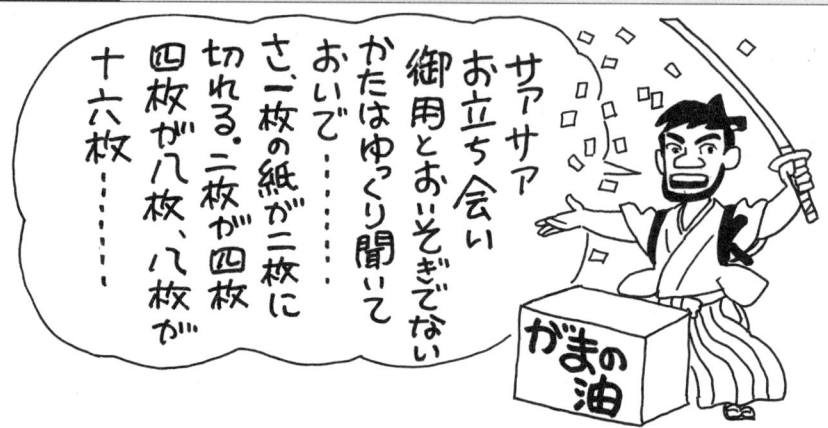

> サァサァお立ち会い御用とおいそぎでないかたはゆっくり聞いておいで……さ、一枚の紙が二枚に切れる。二枚が四枚、四枚が八枚、八枚が十六枚……

これは有名な"がまの油売り"の名セリフの一部である。

歯切れのよいタンカ調の人集めは見事であるが,最近では寄席演芸以外,ほとんど見たり聞いたりすることができなくなった。

松　本　私は浅草生まれの江戸っ子なので,こういうタンカ調を聞くとうれしくて身震いがしますよ。

道博士　同感ですね。私も神田生まれなので,"雪が降っても浴衣で素足,カラ元気で闊歩する"威勢だけよいカワイラシサが,神田かいわいの書生や街頭芸人にも見られたものです。

松　本　いま,質問しようと思ったのは,先日テレビで中国人のソバ作りの名人の見事なワザが紹介されて,ビックリした件です。

道博士　あのテレビは私も見ましたが,実は中国旅行した折,実演を目の前で見たときは,ほんとに驚きました。

松　本　日本のソバは"のし棒"で薄くしますが,中国は違いますね。

道博士　両手で何回も引いているけれど,サア計算してみましょう。

第4回 「電卓使い」計算の奇妙発見

[質問] 中国のソバ作り名人は"がまの油売り"と同じように，はじめは1本の太いソバの帯を引き伸ばしながら，2つ折り，4つ折りと続け，13回おこなう。

最後の太さは，ナント，針の穴を通るくらいという。

2つ折りを13回（2^{13}）すると，何本になるか，電卓で計算せよ。

（参考）「倍々で100畳の大広間全部」

上手をいって豊臣秀吉をよろこばす側近の曽呂利新左衛門は，今日も秀吉から「何か授けるから希望をいえ」といわれ，「この広間の端から，はじめ畳1枚に米1粒，2枚目に2倍の2粒，3枚目には2倍の4粒，……と倍々で100畳分全部の米をいただきたい」と答えた。秀吉は「欲のないヤツ」と思い，勘定方に米粒の量を計算させた。

サテ，米粒をどれほど用意したらよいか。また，米俵にすると何俵分か。

計算してみよう。

8 1と2だけの連分数の有用性

"オイッチ　ニ，オイッチ　ニ，……"
幼稚園のお遊戯や小・中学生の体操・行進などの全体行動での号令で，なじみ深いものである。

　　イチニ，イチニ
　　　　　といえば音楽の2拍子
　　トンツー，トンツー
　　　　　といえば昔のモールス信号
　　点，棒　といえば古代マヤ人の数字

などなど。人間界の最古に近い2進法が，いまや最先端機器の土台になっているなんて，数学もなかなかおもしろい。

水　谷　私が感心するのは，モールス信号にしても，マヤ人にしても，2つの印で何でも，すべてが表せる，という点です。

道博士　別の見方をすると，複雑に見える世の中は，案外単純だということでしょうかね。

水　谷　この種でもっと興味深いもの，というのがありますか？

道博士　あるんですよ。次を計算してみましょう。

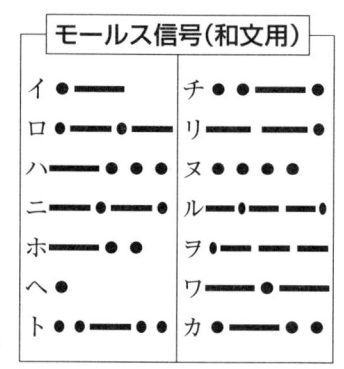

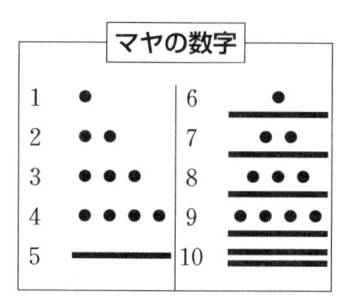

第4回 「電卓使い」計算の奇妙発見

[質問] 3の質問（71ページ）の計算法にならって，下の1と2だけでできている連分数の答を求めよ。

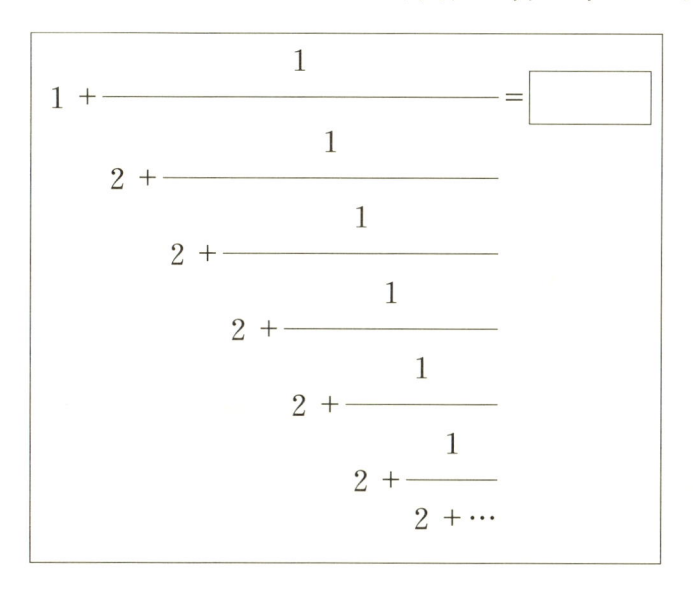

$$1 + \cfrac{1}{2 + \cfrac{1}{2 + \cfrac{1}{2 + \cfrac{1}{2 + \cfrac{1}{2 + \cfrac{1}{2 + \cdots}}}}}} = \boxed{}$$

（注）3の黄金比と同様，これも「式の美」が，「図形の美」になっている。

> 答のヒントは，
> (1) その昔，ピタゴラスが「アロゴン」（口外するな）と弟子にいった，神の誤りの数。実は正方形の対角線で有理数でないことから，整数論者のピタゴラスが苦悩したもの。
> (2) 昭和15年戦時下当時の商工省が「切りクズを出さない」という物資節約のために省令を出したもの。で，これはスゴイ数だ

ちょいしゃれ話　厚さ1mmの紙を22回折ると…

この回ではすでに，

「7　中国のソバ名人『針の穴の太さ』」で 2^{13} や秀吉の 2^{100} などの電卓計算をしてきた。

しかし，そのふえ方や量については，もう一つ実感がないであろうから，ここでとどめの具体例をあげることにしよう。

紙の原紙寸法は各種あるが，

新聞用紙は81.3cm×54.6cmである。

この新聞用紙を"がまの油売り"よろしく1回折り，2回折り，……と続けたものが，右の表である。

ところが，せいぜい7回折ったところで，これ以上折るのは不可能になった。（各自試みよ）

この話をもっと発展させてみよう。

厚さ1mmの紙を22回折ったら（現実には不可能だが――），その高さはいくらであろうか？

電卓を使い 2^{22} を計算してみよ。

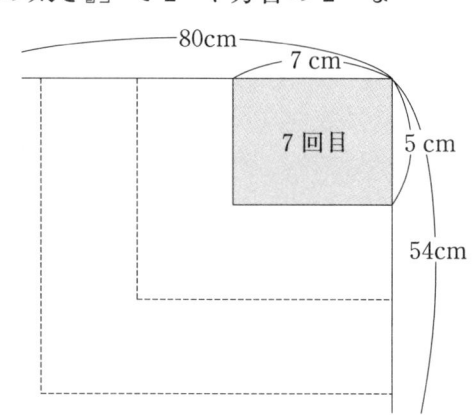

回 \ cm	横	縦
はじめ	80※	54※
1回	54	40
2回	40	28※
3回	28※	20
4回	20	14
5回	14	10
6回	10	7
7回	7	5
不可能	—	—

※近似値を使用。

（注）それぞれの長さは $\sqrt{2}$ の比でできている。

生涯学習大学 "算数教室 数学教室"　（講師）道 志洋博士

第5回
"迷宮入り" 待った！解決へ

1　『迷路』からの脱出
2　2人は会えるか？
3　アミダクジの不思議
4　どのひもが解ける？
5　"手縄はずし" の妙技
6　「一筆描き」に挑戦！
7　隠れた立方体がある個数読み
8　移動で1cm²がふえた

［ちょいしゃれ話］小円，大円の周，等しい

こんなインチキ(不正確)地図が役に立つわけを考えよう

1 『迷路』からの脱出

　現実の世の中には,「星の数」も「浜の真砂(まさご)」も,……無限に近い有限にすぎなく, "真の無限" ではない。『無限』は頭の中の学問, 数学, 哲学, 宗教という世界にしか存在しないものなのである。

　有限なことならば, ともかくシラミツブシ法でいつかは片付けられる。その例, ヨーロッパの地図会社が, 多数の国の複雑な国境をもつ地図作製で, 印刷費を安くする工夫から, 数学者が興味をもち, 『地図の塗り分け問題』の研究が始まった。間もなくどのような複雑な地図でも五色あれば塗り分けられることが証明され, 次は四色の問題となった。そんな話から——。

村　上　四色あれば塗り分けられるのですか？

道博士　右の地図について, あとで挑戦してみてください。

村　上　数学では "塗れた！" だけではダメなんですね。証明をしなければ——。難しそう。

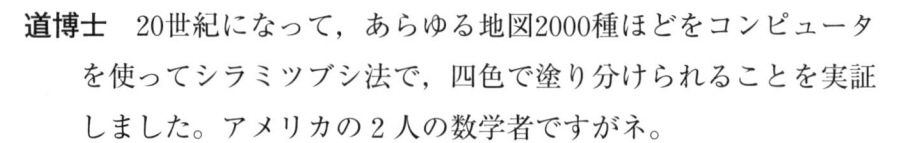

道博士　20世紀になって, あらゆる地図2000種ほどをコンピュータを使ってシラミツブシ法で, 四色で塗り分けられることを実証しました。アメリカの２人の数学者ですがネ。

村　上　コンピュータはくたびれたり, あきたりしないので, シラミツブシ法は最適ですね。

道博士　これは『トポロジー』(94ページ) という図形領域の１つで, 次に示す『迷路』もそれ。挑戦してみてください。

第5回 "迷宮入り" 待った！ 解決へ

[質問] 次の『迷路』のおのおのに答えよ。

(1) 入り口から，最短距離で出口から出よ。

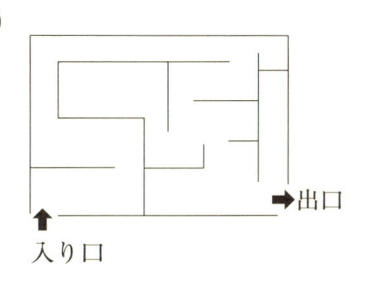

(2) 入り口から中央の宝を取り，出口から出よ。

また，迷路では必ず出られる方法がある。それをいえ。

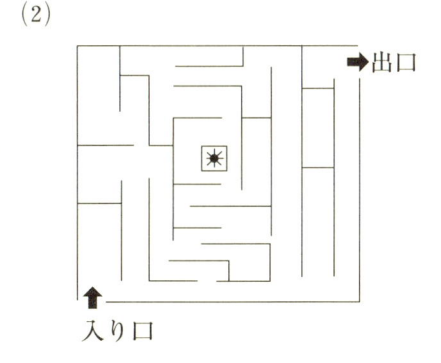

(参考) 前ページのコンピュータによる実証について
　① 論証でないこと
　② 方法に疑問があること
などから，この『四色問題』は現在，未解決問題になっている。

クレタ島クノッソス宮殿
（『迷宮』の模型——パチリとやったら，監視員に怒られた貴重な写真）

2　2人は会えるか？

　東京のJR山の手線の内側で，友人と酒を飲んだ目黒さんは，その店からタクシーに乗ったという。ウトウトしていたが，山の手線のガードを3回くぐったのを記憶していた。乗車のとき，タクシーの運転手に住所をいっていたので，自宅まで無事着いたという。

目　黒　内側にいてガードを3回
　　　　くぐると外側にいるのですね。
道博士　トポロジー（94ページ）
　　　　という数学では，内部と外部
　　　　ということが大きな問題にな
　　　　ります。
目　黒　この図のように，円の内部にいる人が，この円周と
　　　　偶数回交わったときは内部にいる
　　　　奇数回交わったときは外部にいる
　　　　ということになるのですね。
道博士　ずいぶん高級なことに気が付きましたね。スゴイです。
目　黒　偶数，奇数というのは思わぬところで登場し，驚きました。
道博士　"一筆描き"でも偶数，奇数がヒントになります。では，
　　　　この発見をヒントにして，次の迷路の問題に答えてください。

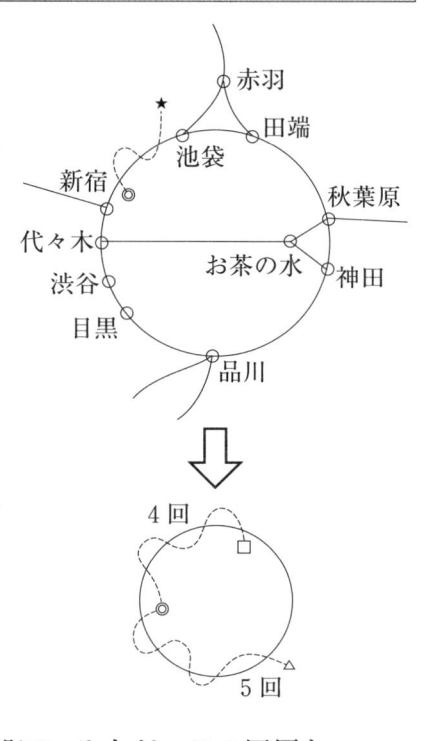

第5回 "迷宮入り" 待った！ 解決へ

[質問] 変わった『迷路』があるデート・コースに遊びに来た恋人同士のA君（○），Bさん（●）がいつの間にか離れ離れになった。

(1)，(2)おのおのの場合，このまま歩いていて，会うことができるか。

会うかどうか調べるのに，道にそってやるコツコツ実験方法でなく，前ページのことをヒントにして調べる方法をいえ。

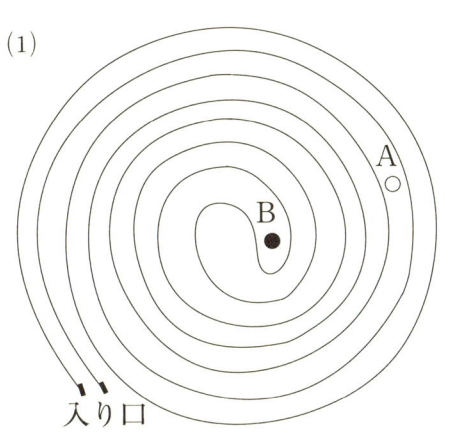

(注) このヒントでわからないときは，実際に道にそい，まず答を得よ。

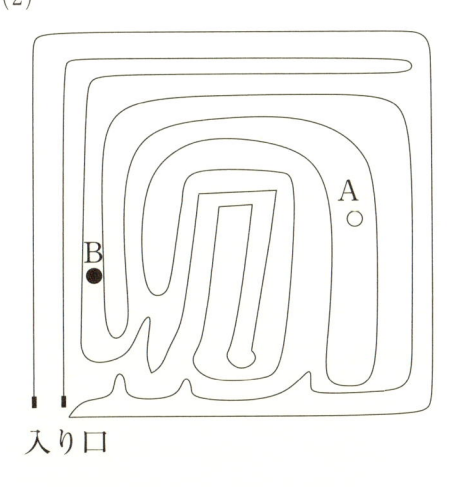

(1)

入り口

(2)

入り口

3 アミダクジの不思議

家族や仲のよい友人，趣味・スポーツ仲間たちの遊びの1つに**アミダクジ**がある。

これにはいろいろな形や利用法があるが，右のものはその一例である。

ふつう，できているものに「イカサマがないよう」参加者が横線を1本ずつ付け加え，事前にあった状態を変えて平等にする。（ガラリと変わる。）

"アミダクジも数学"という話を聞いたことから質問が出た。

アミダクジの例
仲田　武馬　都築
買いに行く　ただ　五百円出す

(注) 結果はどうなる？

森　山　私はこれが大好きですが，ナンデ，アミダクジというのでしょうか？

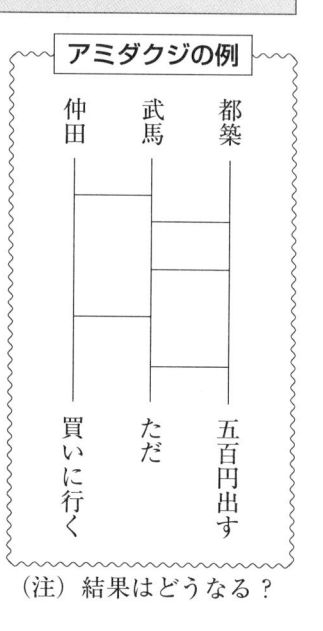

道博士　これには次の2つの説があります。
　① 阿弥陀如来の功徳は平等であること
　② くじの形が阿弥陀の後光の放射状に似ている（後に変形）

森　山　ナールホド。元は阿弥陀様なのですか。

　もう1つの疑問は，何人でやっても皆最後は別々のところに到達し，誰一人同じにならないのが不思議です。

道博士　そうですね。学生の中からもこの質問がよくありますよ。

　説明の仕方は種々あるのですが，学生には"数学らしく**背理法**を使って説明しろ"といっています。

　ともかく，次のアミダクジをやりながら答を探してください。

第5回 "迷宮入り" 待った！ 解決へ

[質問] 次のアミダクジを試み，(1), (2)それぞれの結果（到達名）を□に埋めよ。

この試みから，「なぜ別々のところに到達するのか」の理由も考えよ。

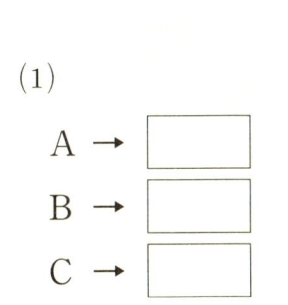

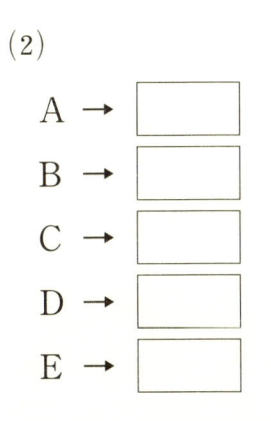

(1)
A → □
B → □
C → □

(2)
A → □
B → □
C → □
D → □
E → □

(注) ✕ は立体交差状を示すもので交点ではない。つまり，線の方向は変えない。

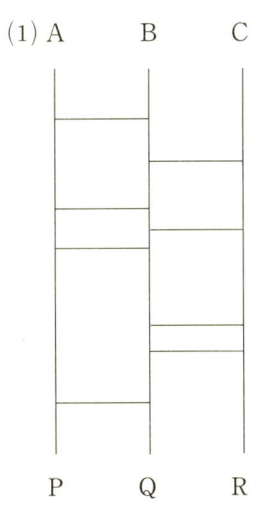

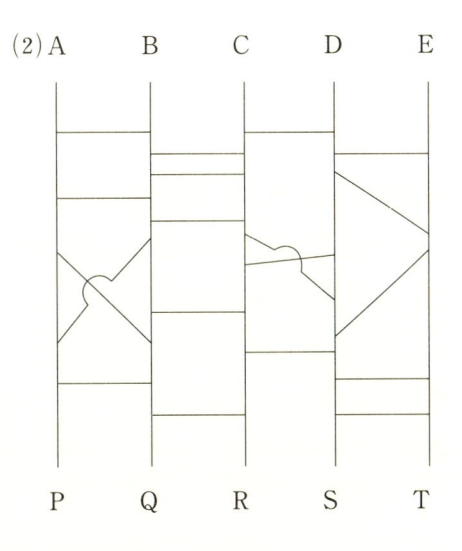

(1) A B C

P Q R

(2) A B C D E

P Q R S T

4 どのひもが解ける？

　現代社会では，その物流の動脈といえる高速道路が首都を中心に完備されつつある。諸外国も同様。

　高速道路では，スピードを上げるために停車を要求する交通信号はない。そのために交差点では複雑な立体交差になっている。このときの構造の工夫は，数学の『トポロジー』（94ページ）によっているのである。

立体高速道路

　「数学が，現代社会の発展に，いかに貢献しているか」こうした話のあと，質問者があらわれた。

柳　沢　私は小・中学生時代，ボーイ・スカウトに入団していて，その訓練の中に"ロープ結び"がありました。いろいろな結び方を教わったのですが，これは立体交差と関係があるのでしょうか？

道博士　モチロンです。

　大昔から，舟乗り，登山家，庭師あるいは牧場など"ひも（ロープ）結び"の高度な技術を研究し蓄積していますね。

柳　沢　そうした本も勉強しました。

道博士　それに比べると，次のは簡単ですが"昔とったキネヅカ"でやってみてください。

基本的ロープ結び

	わな結び
	投げなわ結び
	ふたえ止め結び

第5回 "迷宮入り" 待った！ 解決へ

[質問] 次のおのおのは2本の輪ゴムでできた図である。これをほどいたとき，2本が離れ離れになるのは，どれか。

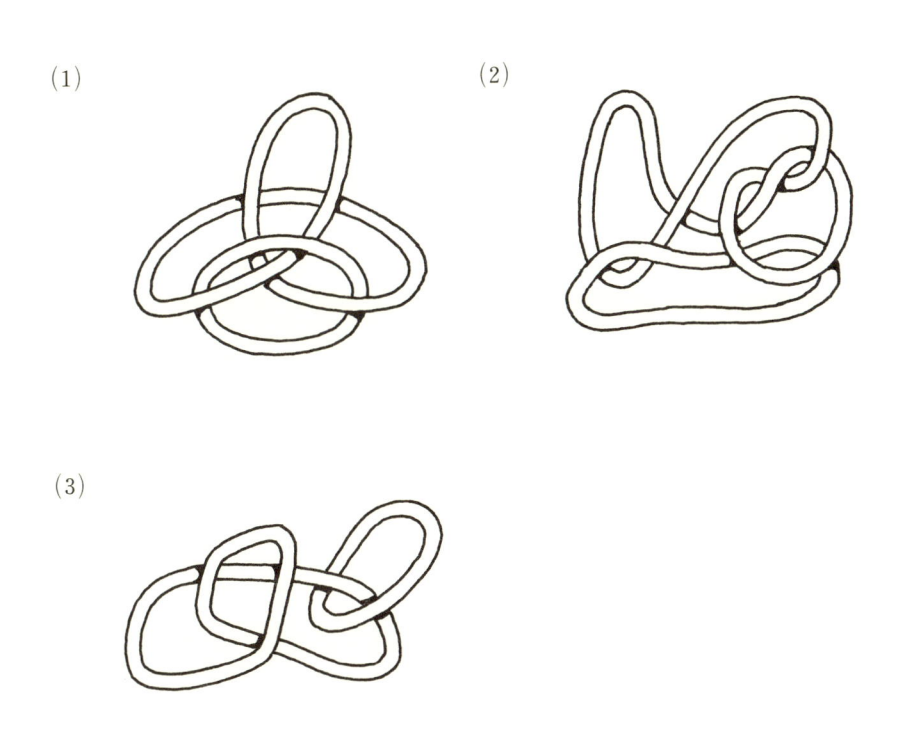

(1)

(2)

(3)

(参考) 手元にあるひもかロープを使って前ページのものを作ってみよ。

5　"手縄はずし"の妙技

　少し昔だと，ボンドだ，セロハンテープだ，などといった「くっつけ合わせ」や「結びつける」ものがなく，簡単にできなかった。

　そのため前回のような"ひも"の結び方がいろいろ工夫されてきた。右なども棒にひもを結びつける方法である。

　下の本によると，その中に基本9型，全110種も紹介されている。

　"ロープ1本"といえども，その工夫には驚嘆するものがあるのだ，と。

伊　藤　私は学生時代マジシャン・クラブに入っていましたが，"ひも手品"にもいろいろありますね。

道博士　ソウソウ，見ていて不思議です。

　　　結んだのに解ける
　　　切ったのにつながっている　｝など
　　　2本が1本になる

伊　藤　やる方は楽しいです。うまくダマセタ，と。

道博士　では，次の"手縄はずし"を解明してください。

　（注）90，92ページの「ロープ結び」については，西田徹指導『紐（ロープ）の本』（KK・ロングセラーズ）を参考にした。

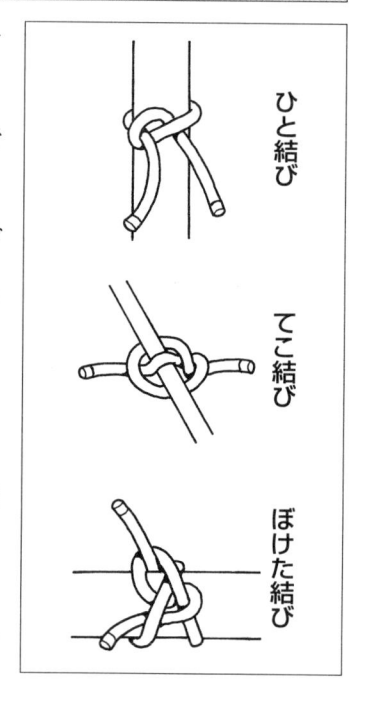

ひと結び

てこ結び

ぼけた結び

恐い！
首吊り結び

第5回 "迷宮入り"待った！ 解決へ

[質問] いま，あなたが無実の罪でとらえられ，とりあえずロープで両手をしばられた上，図のように鉄の棒につながれてしまった。

サテ，これを解き，脱出することができるか？

その方法をいえ。

背広の衿の穴にペンより短い
輪のヒモを通す技

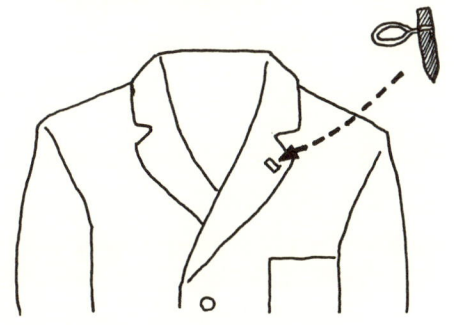

93

6 「一筆描き」に挑戦！

　数学には，いろいろな形の誕生があり，パズルや遊びから，本格的な数学に発展していったものもある。

　これまで，たびたび話題にした『トポロジー』（位相幾何）という図形学も，その代表的なものである。

　ときは1730年頃，当時ドイツ領（現ロシア領）だったケーニヒスベルクの町で，中央を流れるクレーベル川にかかる「7つの橋について，1回ずつ，すべてを渡ることができるか」というのが，町の人々の興味ある問題になった。きわめて珍しいことである。

湯　浅　"7つ橋渡り"というのは耳にしたことはありますが，その裏話は初めて聞きました。

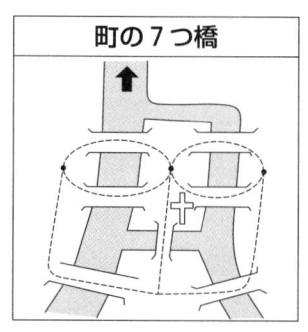

道博士　この地は，哲学者で有名なカントが一生過ごしたという思索の地で，町の人々も考えることが好きだったんでしょう。

湯　浅　この地図が7つ橋なのですね。どんな川ですか。

道博士　川幅の広い運河といったゆるやかな流れの川で，朝など川岸に釣り人やマラソンの人などいて，静かなところです。

湯　浅　つまりは，右下の線図が一筆で描けるかという問題のことですね。描けるかナ？

道博士　これがパズル**一筆描き**の出発点です。次の問題を試みてください。

第5回　"迷宮入り"待った！　解決へ

[質問]　次の9つの絵・図について，一筆描きできるものを選べ。

また，「描ける」「描けない」についてのルールを作れ。

	絵・図		
台所用品	コーヒーカップ	マス	スプーン
乗り物	ロケット	自転車	ヨット
図　形			

(ヒント)

・どこから始めてもできる…A
・ある1点から始め他の点で終わるようにすればできる…B
・どうやっても，できない…C

(注)

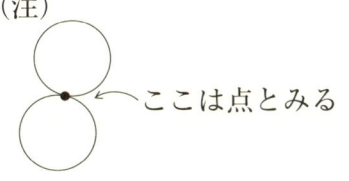

ここは点とみる

川の中島にある教会
カントの墓がある

7 隠れた立方体がある個数読み

　"隠れているもの"を見たい，想像したいという心理は幼児時代から始まっている。
・デパートでマネキン人形のスカートをめくる
・動くオモチャを分解してみる
・おひな様の着物をはぐ
などがそれである。

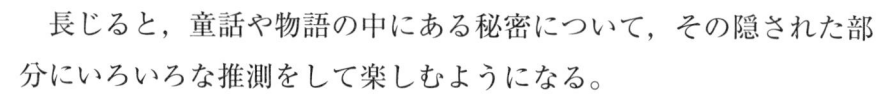

　長じると，童話や物語の中にある秘密について，その隠された部分にいろいろな推測をして楽しむようになる。

　そもそも——ちょっと大ゲサだが——，方程式の x をはじめ，数学の問題を解くということは，「隠されたものを探す」という作業なのである。だから**好奇心が必要**！

> 方程式の x
> $4x - 1 = 3x - 5$

江　波　年をとってくると，物忘れが多く，しょっちゅう隠れたものを探しています。ナントカなりませんか。

道博士　私だって似たようなものですが——。メモをとるとか……。筋道だって理論的に考える（あのとき，アアシテ，次にコウシテという形で思い出す）ことが大切でしょう。（順思考，逆思考）

江　波　算数・数学についての訓練も必要でしょうか？

道博士　最近は，いろいろな研究結果報告として，算数・数学を学ぶことが有効とされていますよ。（6ページ新聞記事）
　では，知能検査にもある積み木の個数を数えてもらいましょう。とりわけ，隠れた部分を想像して——。

第5回 "迷宮入り"待った！ 解決へ

[質問] 次の(1), (2)について，立方体の個数を数えよ。隠れた部分に注意！

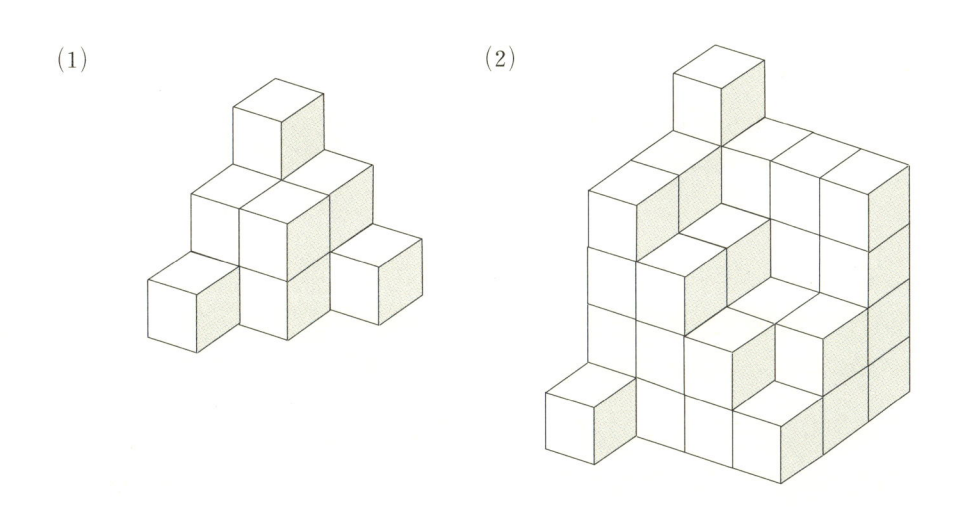

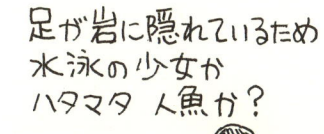

(1)

(2)

足が岩に隠れているため
水泳の少女か
ハタマタ 人魚か？

8 移動で1cm²がふえた

作図ということは，遠く5000年も前，古代エジプトで始まった。

毎年，ナイル河の大氾濫によって耕地の区画がわからなくなり，その修復作業として測量専門家の『縄張師(なわばり)』が長い間の経験から蓄積し，『**作図**』という図形学をほぼ完成したのである。──これは後に古代ギリシアに引き継がれ，これを材料に論証の『**幾何学**』を創る──

さて，作図では，等積変形という部門がある。これは1つの図形で，「面積を変えずに形を変える」作図（第3回）であり，たとえば右上のようにするものがある。

この種の問題はいろいろあるが，一方これらを一ひねりしてパラドクス化された興味深いものも多い。

吉　岡　次の野球の図形は不思議ですね。左右入れ替えたら，ボール分がないのに面積が変わらないみたい？

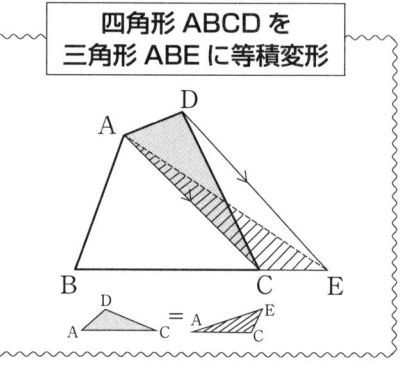

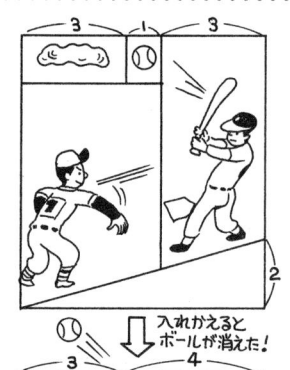

道博士　これは面積が減った例ですが，逆に移動したら面積がふえた，という次の例もあります。どうなっているか考えてください。

第5回 "迷宮入り" 待った！ 解決へ

[質問] 正方形を下のように4切片とし，並べ替えたら1cm²ふえた。

どうしたのであろうか？

巻末の厚紙を使って実験してみよう。

また，前ページの野球の場合も説明せよ。

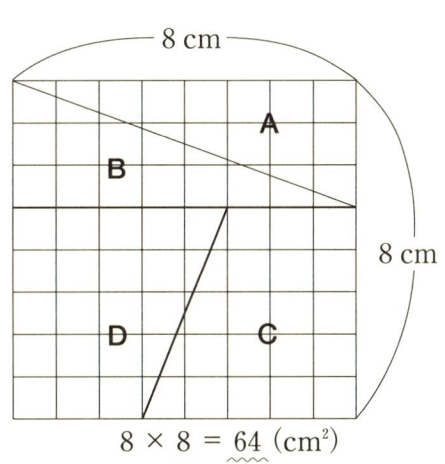

8cm

8cm

$8 \times 8 = 64 \, (\text{cm}^2)$

8cm　5cm

5cm

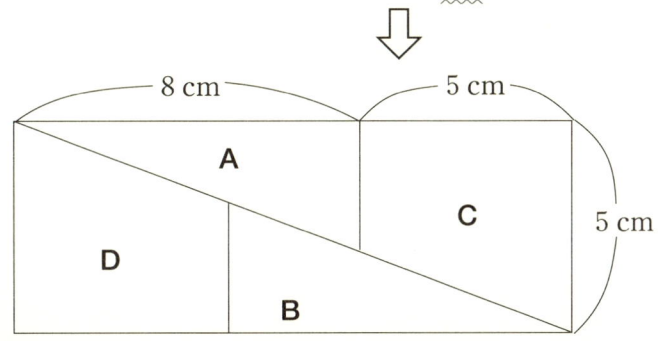

$(8 + 5) \times 5 = 65 \, (\text{cm}^2)$

巻末に実験用厚紙がありマース

ちょいしゃれ話 小円，大円の周，等しい

　パラドクスについては，すでに43ページで少し紹介したが，数学では真偽を問うことが多いので，パラドクスは避けて通れないものである。つまり，"本当の理解"をもっていないと，偽を見破ることはできない。"知力向上"のために広くパラドクスに挑戦することが大切である。

　さて，円に関しては数々のパラドクスがあり，右のものもその1つで，100円硬貨が固定したほうの周りを「滑らずに1回転」したときの結果は？

　また，自動車のタイヤと共にホイールも1回転し，その長さが等しいことからのパラドクス「小円，大円の周は等しい」どう説明するか？

> **パラドクス para－dox**
> ・正しいようで誤り
> ・誤りのようで正しい
> ・感覚とは異なる結果のもの
> ・意味は納得するが不思議（疑問）が残る
> ・循環論法のもの
> ・その他

実験してみよう

固定した硬貨にそって回転すると

固定　↑このとき

・元のまま
・さかさ
・横向き

円の大きさが違うのに，どこまで行っても両者の円周の長さは一緒？

自動車のタイヤとホイール

生涯学習大学 "算数教室 数学教室"　　（講師）道 志洋博士

第6回
『知恵ダメシ』と「自作問」作り

1. 虫食算──デジタル・パズル
2. 覆面算──アルファメティック
3. 小町算の伝説と計算
4. 清少納言知恵の板
5. 2つのクジ選び
6. "くじ引き"有利は後か先か
7. どちらに賭けるか
8. 「自作問」作りで，チョン

［ちょいしゃれ話］『算額』と遺題の話

なぜ，江戸時代の和算家は
『算額』を奉納したかを考えよう

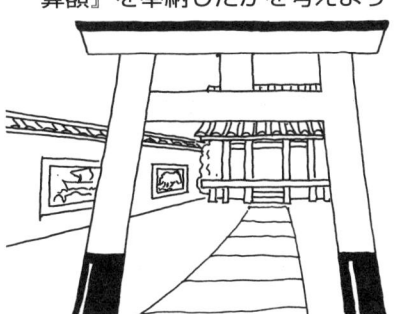

1 虫食算 ——デジタル・パズル

　江戸時代，いや，そのもっともっと前からであろう。大きな商家では，お得意の各客への売り金を『大福帳』という貸金簿に記録し，"盆暮れ"にまとめて集金する，という習慣が一般的であった。これは会計や集金上，たいへん便利であったが，ただ1つ欠点があったのである。

　大福帳の用紙が「和紙作り」で，この和紙には糊(のり)が使用されているため土蔵，倉などにしばらくしまっておくと『シミ』という害虫が，ほうぼうを食い荒らす。このため，「さて，集金」というとき，金額の読めないところが出てしまう，と講演。

　この話に，外国人聴講者のライト氏が質問した。

ライト　そこから『**虫食算**』が誕生したのですね。
　　　一筆描きは遊びからだったけれど，今度は必要からですね。
　　ヨーロッパには和紙がないので，こんな心配はいらない。

道博士　でも，同じようなパズルはあるでしょう。

ライト　エエ，ヨーロッパでは，『**デジタル・パズル**』が，同じ穴埋め計算になっています。

道博士　計算の途中，インクをこぼして，折角の計算式が見えなくなって——，というところからかナ？　では，次の虫食算に挑戦してみてください。

第6回 『知恵ダメシ』と「自作問」作り

[質問] 次の虫食算について，最初に準備体操として(1)の基本4問を解け。

(1) 基本

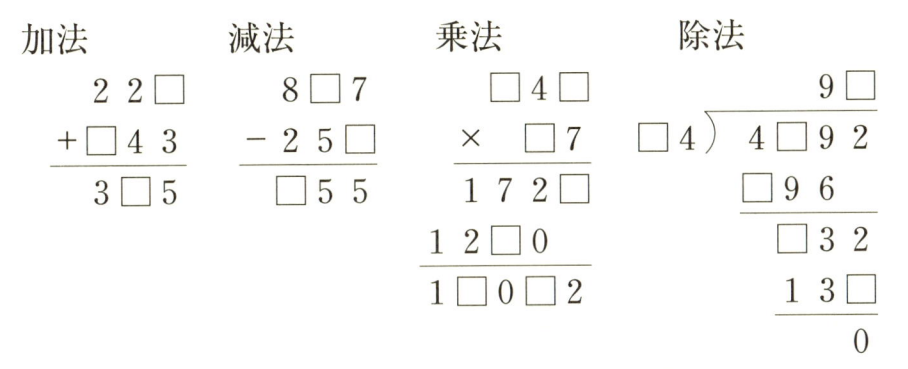

加法
```
  2 2 □
+ □ 4 3
─────
  3 □ 5
```

減法
```
  8 □ 7
- 2 5 □
─────
  □ 5 5
```

乗法
```
    □ 4 □
  ×   □ 7
  ─────
    1 7 2 □
  1 2 □ 0
  ─────
  1 □ 0 2
```

除法
```
         9 □
   □ 4 ) 4 □ 9 2
         □ 9 6
         ─────
           □ 3 2
           1 3 □
           ─────
               0
```

要領がわかったら，(2)の高級問題に挑戦せよ。

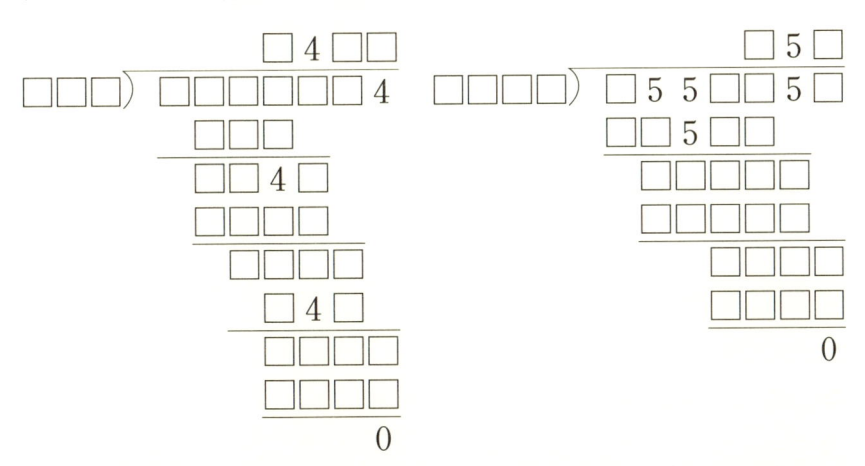

(2) 4の4（答も4種）　　　5の5

（略図：割り算の虫食算）

（ヒント）4の4の割る数は 84□ か，94□。まず，この□を決める。

　　　　5の5は，最後が 7852 で割り切れる。

　　　　あとは数勘と試行錯誤でドウゾ。

2 覆面算 ――アルファメティック

　日本の三大都市，東京，大阪，京都の間に"たし算"が成り立つという。

　それは――，人口？　面積？　それともJR線の駅の数？

　では，正解を申しましょう。

　三大都市の関係は京都と大阪との和，つまり"たし算"の答は東京。その理由は，右のようにローマ字にしてみた上，これを**覆面算**とすると――，どうだ！　ちゃんとたし算が成立する。

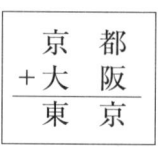

```
  京　都
 +大　阪
  東　京
```

ローマ字⇩にすると

```
  K Y O T O
 +O S A K A
  T O K Y O
```

覆面算⇩とすると

```
  4 1 3 7 3
 +3 2 0 4 0
  7 3 4 1 3
```

竜　崎　イヤァ，おもしろいですね。

道博士　だから私は，虫食算よりこのほうが好きなんですよ。

竜　崎　それに覆面算という名称も日本的で忍者モドキで気に入った！

道博士　自分の名やいろいろな名のものからも問題が作れて楽しいし。

竜　崎　外国のパズルにもありますか。

道博士　"アルファベットのアリスメティック"（算数）といい，略して**アルファメティック**などと呼んでいます。では，次を楽しんでください。

（参考）

```
  R E I
 +M E I
  H O N
```

```
  黎
 +明
  本
```

（注）解答は右ページ

　（注）alphabet, arithmetic

第6回 『知恵ダメシ』と「自作問」作り

[質問] 初めての人もいるので，基本の解説，つまり，ルールの説明をする。

① 1つの文字は1つの数字を覆面（隠している）
② 同じ文字は同じ数字で，異なる文字は異なる数字
③ 数字は0〜9の10個なので，文字も10種類まで

では，(1)の親しい童謡から，どうぞ！

いずれも，答が1種類とは限らないかもしれない。

できたら，(2)，(3)に挑戦してみよう。

```
(1)  童謡
①   デン      ②   ピヨ
    +デン          +ピヨ
    ───           ───
    ムシ          ヒヨコ

③   カア      ④   デタ
    +カア          +デタ
    ───           ───
    カラス         ツキガ
```

(2)
```
   ボケ
 +ボウシ
 ─────
  ノホン
```

(3)
```
  PEACH        ( 桃    )
 +LEMON        (+レモン )
 ─────         ( ───  )
  APPLE        ( リンゴ )
```

(参考)　REI　答　　123　　234　　512
　　　+MEI　→　+723　+534　+312　など，いくつ
　　　───　　　 ───　 ───　 ───　 もできる。
　　　HON　　　 846,　768,　824

覆面算としては答が1つに決まるのが望ましい。

105

3 小町算の伝説と計算

　平安時代初期（9世紀頃）の女流歌人，小野小町は，小野篁（たかむら）の孫で六歌仙の1人である。

　頭脳明晰な上，絶世の美人であったことから，若い青年の求婚が後を絶たなかった。ことごとく固辞したが，ただ1人深草少将が熱心だったため「百夜，私のところに訪問したら，結婚しましょう」と約束をした。ところが，九十九夜通ったあと，急病で死んでしまった。と，悲しい話。

ルイーズ　純粋な女心としてはショックですね。

道博士　恋をするなら，体力を養っておかないと。

ルイーズ　この彼のこと，ワタシなら一生忘れられません。

道博士　小野小町も同じで，このあと生涯1人で過ごしたそうです。そして晩年になり，老後のなぐさめで，後世有名な『小町算』をして，彼のことを思い出した，といいます。

ルイーズ　日本女性は，なかなか"センサイな心"もっているのですね。で，その小町算というのは，どんな計算ですか？

道博士　現代風に直すと，1～9までの数字を並べ，その間や前に＋，－，×，÷や（ ）を入れ，その計算式の答がピタリ100になるような計算です。

　　では1つのモデル(例)を参考に2，3作ってごらんなさい。

第6回 『知恵ダメシ』と「自作問」作り

[質問] 下の例にならって，小町算を3つ作ってみよ。ただし，ここでは＋，－，（ ）だけを用いることにし，また123とか，78などと数字をくっつけてもよい。

（例）　123－（4＋5＋6＋7）＋8－9＝100
　　　　　　　　　　22
　　　　ここまでで，あと1引けばよい　－1

(1)　1　2　3　4　5　6　7　8　9＝100

(2)　1　2　3　4　5　6　7　8　9＝100

(3)　1　2　3　4　5　6　7　8　9＝100

（注）　1＋234×5÷6－7－89＝100
のように，×，÷を使用するものもある。

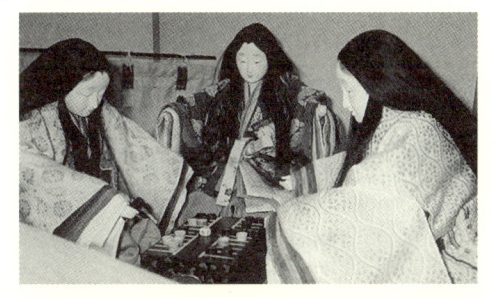

『六条院』（光源氏の別邸）内での宮廷女官たちの遊び（京都・風俗博物館にて撮影）

4 清少納言知恵の板

"**文学**と**数学**とは両極端の学問"といわれながら，この数学本では歌人小野小町に続いて清少納言の登場である。

文学美女たちは，退屈なときは案外対極のパズルを楽しんだのであろう。

清少納言は平安中期の女流文学者で，学識のほか機知で才女の評判が高かった。名随筆『枕草子』が有名。

清少納言像

基本の7切片

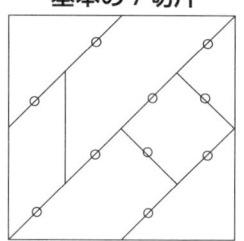

(例) 組み合わせて作る

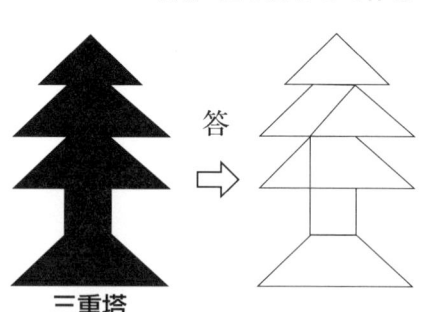

冷　泉　自慢じゃあないですが，わが家は鎌倉時代(13世紀)の和歌の『冷泉派』の流れをくんでいます。開祖は冷泉為相で，時代は違うが彼女らと同じ文学系です。

道博士　これは恐れ入りました。
　　　　ところで『清少納言知恵の板』はご存知ですか？

冷　泉　もちろんです。子どもの頃，父に伝授されました。

道博士　それで質問は何でしょう。

冷　泉　日本独特のパズルと思ったのですが，ほかの民族でも？

道博士　中国のタングラム，西欧のラッキーセブンが同類です。
　　　　では問題に挑戦を。

三重塔　　答⇒

第6回 『知恵ダメシ』と「自作問」作り

[質問] 前ページの例にならい、巻末の厚紙を切って、下の(1)〜(3)を作れ。

(1) 釣り舟

(2) ボンボリ

(3) 曲尺（かねじゃく）

『六条院』勤務の公家
（タイム・トラベルした著者）

(ヒント) 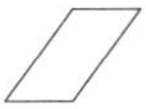 ╱ の使い方に工夫を。

5　2つのクジ選び

　『ジャンボ宝くじ』をはじめ，種々の宝くじや各種のくじ券では，"当選"のほか，残念賞の意味で"前後賞"がつけられているものがある。

「末位の数字1つ違いだけが，ほんとうに残念なのか？

　"数学的に考える"と，1つ違いが残念なら，末位だけでなく，どの位であっても同じではないか！」

　いささか興奮気味に語った道博士の話に対して。

禄原　実は私も1番違いで，クヤシイ思いをしたことがあります。

道博士　『ジャンボ宝くじ』は，帝国劇場で抽選の公開をしているでしょう。

　6つの的と矢から6桁の当選番号を決めているのだから，どの桁に関しても残念があるワケだ。

禄原　そうですね。くじはイラツキますよ。くじ運が悪い方なので。

道博士　マア，そういわず次をやってください。

特賞の当選と前後賞

当選	240375
前後賞	{ 240374 240376

これはどう？

残念！ { 340375
 440375

など

"残念賞"とは何だ！　残念は末位の前後だけではないゾ〜〜〜　クヤシイ〜〜〜

第6回 『知恵ダメシ』と「自作問」作り

[質問]　近くの商店街で，クジ券1枚を手にした。

クジ引きは，次のA，Bどちらか選ぶことができるが，1回引くとき，どちらを選んだ方が得か。

また，クジ券を買うことができるとしたら，1枚いくらのとき，買うと得か。

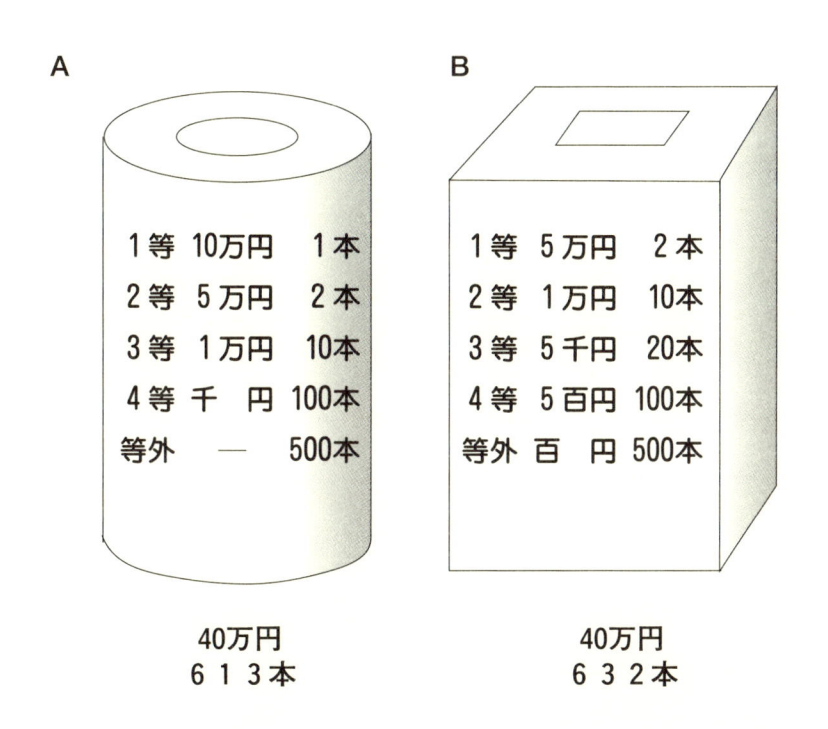

A

1等	10万円	1本
2等	5万円	2本
3等	1万円	10本
4等	千円	100本
等外	―	500本

40万円
613本

B

1等	5万円	2本
2等	1万円	10本
3等	5千円	20本
4等	5百円	100本
等外	百円	500本

40万円
632本

（参考）一般に「くじ運がよい，強い」と自称する人は，10万円のあるAを選ぶものである。

6　"くじ引き" 有利は後か先か

　国会議員をはじめ，市町村の選挙，あるいは各スポーツの試合組み合わせなどの順序を決めるとき，そのクジを引くための"くじ引き"をすることがある。数学者や数学愛好家たちから見ると「ナニを馬鹿なこと。ムダな時間つぶしも甚だしい」ということになるのである。

　そもそも"くじ引き"とはきわめて公平な方法として人々から厚い信頼を受けている，が。

白をとりたい

先の人が白をとる確率 $\dfrac{3}{7}$

後の人が白をとる確率
① 先の人が白で自分も白
$\dfrac{3}{7} \times \dfrac{2}{6} = \dfrac{6}{42}$
② 先の人が黒で自分は白
$\dfrac{4}{7} \times \dfrac{3}{6} = \dfrac{12}{42}$
より

加法定理で $\dfrac{6}{42} + \dfrac{12}{42} = \dfrac{18}{42} = \dfrac{3}{7}$

若　松　私は子どもの頃から"くじ運"が悪いせいか，くじを引くためにその順序を決めるくじという気持ちが，よくわかるワ。

道博士　くじは，その有利に後先(あとさき)なしなんですよ。

若　松　マア，"リクツ"はわかるのですが，感覚的に納得できません。

道博士　いま2人でくじを引くことを考えて計算したのが上で，確率は後先関係なく同じです。

　　　ここで似た質問です。上の例は白が3個あったから先の人が当たっても後の人は心配ないのですが，もし白が1個だったらどうでしょう。

若　松　こうなれば，私は絶対に先に引きたいけど……。
　　　だって，先の人が白だったら，後の人はどうなるのよ！　絶望。

第6回 『知恵ダメシ』と「自作問」作り

[質問] 前ページと異なり，"当たりが1本"のときの有利は後か先か，に違いがあるか。

前ページとの違いは，「先の人が当たったら，後の人は絶対に"当たり"の可能性がない」ということであるが……，ほんとうにそうか？

計算で後先それぞれの確率を計算してみよ。

7 どちらに賭けるか

人は誰でも誕生日がある。単純に考えると，1年間が365日なので，366人いれば必ず1組は誕生日の同じ人がいることになる（2月29日を除いて）。

では，365人だったら1組いるだろうか？

あるいは360人でも，1組ならいるかもしれない？

道博士はこれに疑問をもち，大学教授時代に，

・40人くらいの講義
・80人くらいの大きい講義
｝などで調査をしたことがある。

その結果は，後日（解答）お教えすることにしよう，と。

井　上　"誕生日が同じ人がいるか？"には興味がありますね。しかし，先生のように実験でしか調べられないのですか？

道博士　それがネ，計算で求められるのです。

井　上　エエ〜，どんな計算ですか？

道博士　理論上はきわめて簡単です。まず同じ誕生日にならない確率を出し，それの余事象として1から引けばいいのです。右は3人の場合の計算です。

このことを頭に入れて，次の質問に答えてください。

基本計算

$$1 - \frac{365}{365} \times \frac{364}{365} \times \frac{363}{365}$$

（3人が異なる誕生日の確率）

第6回 『知恵ダメシ』と「自作問」作り

[質問] いま，ある会社のある階のフロアーに40人の社員がいたとしよう。ある日，「この中で誕生日が同じ人が1組いるか？」という問題が話題になった。
「いる」に賭ける方が得か？

また，別問。
ある外国豪華客船クルーズでのグループに日本人客，新旧20組の夫婦が参加していた。「結婚記念日が一致する1組がある確率」はどれほどか？

結婚45周年記念でイタリア船による大西洋クルーズ中，"結婚日"に船長から祝福のケーキをいただく著者と妻(秘書役)。ちょっと余談！
——2000年4月1日——

（ヒント）下のグラフから考えよ。

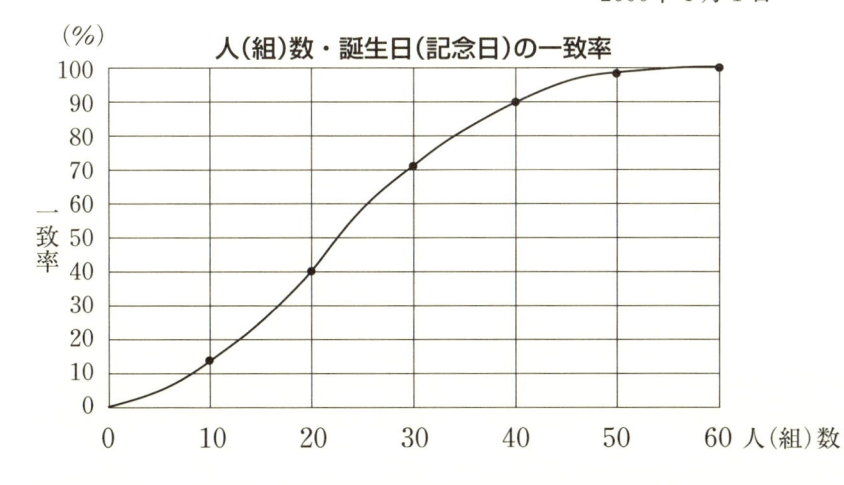

(%) 人(組)数・誕生日(記念日)の一致率

一致率

0 10 20 30 40 50 60 人(組)数

115

8 「自作問」作りで，チョン

　"算数・数学のお楽しみ"の1つは，問題が解けた快感もあるが，よい「自作問」ができることにもある。

　道博士は，これまでにいくつもの得意な「自作問」があるし，それを誇りとしている。その代表例。

　1964年といえば，日本でオリンピックが開催された年で，当時道博士はNHK教育TVの「夏・冬テレビクラブ」番組を担当していた。

　そこで，『数楽オリンピック』と名づけて右上の"数作り"を紹介し，視聴者からたくさんの回答ハガキがきて感動した経験をもっている。

```
1964年創案
"数楽オリンピック"
(1+9)−(6+4)=0
(1+9)×(6+4)=1
(1+9)+(6+4)=2
 1  9    6  4 =3
 1  9    6  4 =4
 ‥‥‥‥‥‥‥ =5
 ‥‥‥‥‥‥‥ =6
以下10までを作ってみよう
```

```
2002年の創案問
2002+1111=3113
2002+1221=3223
□+□=3333
```

上　田　問題作りは難しいと思いますが，2002年の上のものもそうですか。2008年としたらどうでしょう？

道博士　作るのは簡単ですが，"よい問題"というのはなかなか難しいですよ。

上　田　わが家は，皆こういうことに挑戦するのが好きで，いつもワイワイやっています。「自作問」は玉石混交ですがネ。

道博士　いいことですね。何事であれ，創作活動は若さの証明。"脳の活性化"に最適です。では，次の問題に挑んでください。

第6回 『知恵ダメシ』と「自作問」作り

[質問] 前ページの「数楽オリンピック」の問題で，答が0〜2になる式を参考にして，答が3〜10になる式を作れ。
（ヒント）$\sqrt{4}=2$，$\sqrt{9}=3$，$.9=0.9$，
$\sqrt{9}!=3!=3\times 2\times 1=6$
などを使ってもよい。

また，「2002年の創案問」の答が3333となる式の，2つの□を埋めよ。

"仲良し3人組"

最後の質問
　上，中，下を使った創作問を作れ。
では———。チョン！

（参考）神へ捧げる日
1月15日　上元
7月15日　中元
10月15日　下元

私はこれで締めよう
次の暗号を解読せよ。 $B^{\cdot\cdot}_5$ B_3 I_5 A_2 C_1 G_1. A_5 J_1 I_2 !!

（ヒント）たとえばC_1はサ，
　　　　　I_2はリ

『マトリョーシカ』（ロシア）
入れ子人形

ちょいしゃれ話 『算額』と遺題の話

日本独特の数学として代表される『和算』には，3つの特徴がある。

(1) 社寺奉額——『算額』

『算額』（東京都台東区東淵寺）

神社，仏閣の境内などに，自己の研究を絵馬状のものに書いた額を奉納したもの。

この内容には次のようなものがある。

・信仰——神仏のお陰でこんな研究ができた，というお礼
・記念——師匠の米寿，自分の結婚などを祝ったもの
・宣伝——自分の学派がすぐれていることのP.R.　など

(2) 遺題継承——"好み"

自分が本を書いて発刊するとき，答のない自作問題を載せ，読者に挑戦させた。これを後の人も続け，高級問題へと発展。

(3) 流派・免許制

外部的には他の流派と競い，内部的には実力による"階級制"をとり，大きな努力目標とさせた。

免許制の例
1．見題免許
2．隠題免許
3．伏題免許
4．別伝免許
5．印可免許

こうした種々の**競争原理**によって，幕末時には世界的レベルにまで発展した。先人の方法を大いに見習いたいものである。

それにしても"**自作問**"作りの業績こそが効果をあげたといえよう。

（注）右の最高位『印可』は，実子と高弟2人にしか与えられなかったという。

解　答

第1回　生活の中の数字・数

1 （13ページ）
① 一，二　② 一，千　③ 一，一　④ 八（または三），六
⑤ 三，四　⑥ 七，八　⑦ 五，六　⑧ 千，一　⑨ 千，万
⑩ 一，一（侮蔑して一矢を報いる）

2 （15ページ）
① 八　② 三　③ 三千　④ 三（人をうらやむ心が大きいこと）
⑤ 十（才能がなくても努力で天才になる）　⑥ 一，万　⑦ 九，一
⑧ 一，千　⑨ 九，一　⑩ 一，万

3 （17ページ）
① 一寸 ≒ 3 cm　② 五寸 ≒ 15cm　③ 一尺 ≒ 30cm
④ 六尺 ≒ 1.8m　⑤ 五丈四尺 ＝ 五十四尺 ≒ 16.4m
⑥ 三十三間 ≒ 百九十八尺 ≒ 60m　⑦ 八丁（町）＝ 四百八十間 ≒ 873m
⑧ 一里 ＝ 三十六町 ≒ 3.9km　⑨ 千里 ≒ 3930km
⑩ 千丈 ＝ 一万尺 ≒ 3 km

4 （19ページ）
① 百匁 ＝ 375g　② 十貫 ＝ 一万匁 ＝ 37.5kg（一貫 ＝ 千匁 ＝ 3.75kg）
③ 一斗 ≒ 18ℓ（一升 ≒ 1.8ℓ）　④ 三里四方 ≒ 138.8km²
⑤ 五百坪 ≒ 1650m²（一坪 ≒ 3.3m²）　⑥ 百里 ≒ 393km，九十里 ≒ 353km
⑦ 三尺八寸 ≒ 1.15m　⑧ 十六文 ≒ 38.4cm　⑨ 一寸 ≒ 3 cm
⑩ 一丈六尺 ＝ 十六尺 ≒ 4.8m

5 （21ページ）
現代の金額に換算する。
① 384円　② 840円　③ 1080円　④ 24000円
⑤ 18000円　⑥ 5000万円　⑦ 276円　⑧ 6250円
⑨ 1200円　⑩ 192円

　昔と今どちらが安いかは，時価もあるので各自で考えよ。

6 **(23ページ)**
① 千石≒180kℓ　② 百万石≒18万 kℓ　③ 千両≒5000万円
④ 千里≒3930km　⑤ 七里≒27.5km　⑥ 七つ＝午前4時
⑦ 丑三つ＝午前2時〜2時半
⑧ 栗より＝九里(と)四里＝十三里≒51.1km　⑨ 八里≒31.4km
⑩ 百二十六里六町一間≒495km

7 **(25ページ)**
(1) ① 「はなやよ」で花屋　② 「やおやさん」で八百屋
　　③ 「よいいし」で宝石店　④ 「とおふや」で豆腐屋
　　⑤ 「と(お)こや」で理髪店
(2) ① おやすみ　② いわないよ　③ しつこいな
　　④ こいしいよ　⑤ さてん（喫茶店）にいる

8 **(27ページ)**
(1) ① 諸人も両国橋に舟涼み　② 頃，弥生　蝶も止まれば花も咲く
(2) ① 琴や三味　富みし里にはいづくにも　夜毎にいとど音や満ちなむ
　　② 山道は寒く寂しや　一つ家に　夜毎に白く霜や満ちなむ

第2回 『イカサマ話』を見破る

1 **(31ページ)**
　"300B. C."とは，キリスト誕生を「A. D. 1」（西暦1年）とした年代の付け方なので，それ以前に西暦紀元は存在しない。つまりニセ金貨。

2 **(33ページ)**
　580年というときは，ふつう「10年単位」で数えているので，1年，2年のことは問題にしなくてよい。13年，21年という1年単位なら異なる。また，20年単位ならば，ガイドは「600年前のもの」といわなくてはいけない。

3 **(35ページ)**
　支払った一両と買った壺とは同じ物なので，それで二両と考えてはいけない。

4 **(37ページ)**
　外国人が儲けた金額は，（タバコ）＋（釣銭4760円）＝5000円となる。お年寄りが損したのは，5000円だが，タバコの仕入れ値を考えると少し

損が減る。

5　（39ページ）

ペンローズの三角形…似たようなものは作れる。（右図）

1ヵ所離し，ある角度から見るとこの形になる

見る方向

四角形も同様にして作れる。

（参考）「枡の量」…古枡　62.5立方寸
　　　　　　　　京枡　64.827立方寸
　　　　　　　　差　　 2.327立方寸

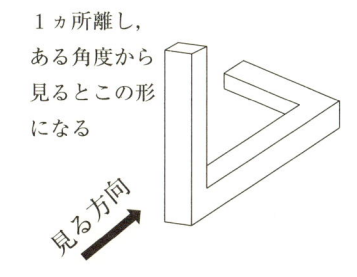

6　（41ページ）

絵の途中，傾斜などでゴマカシがある。

7　（43ページ）

関係ないもの同士を加えたことによる結果で，100円は消えてはいない。本来は，

$\underline{2500円}+\underline{300円}+\underline{200円}=3000円$
品物代金　返却金　店員

8　（45ページ）

理論的には全会員が順に儲けるが，人間の数が有限のため間もなく行き詰まる。（これが，この種の商法のカラクリ。）

第3回　小物遊び，道具利用パズル

1　（49ページ）

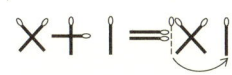

(1)　つまり，10 + 1 = 11

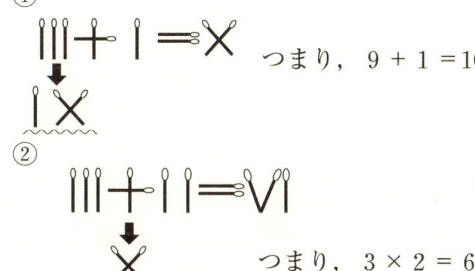

(2) ①　つまり，9 + 1 = 10

② つまり，3 × 2 = 6

(3)　正三角錐にする

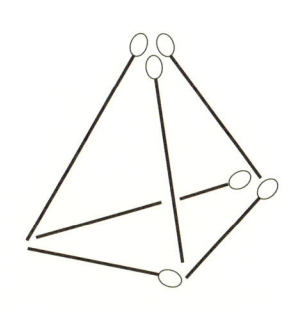

121

2（51ページ）

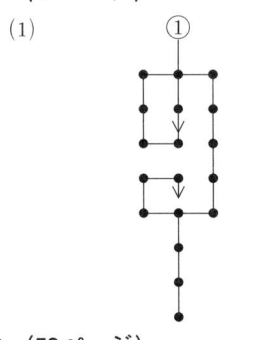

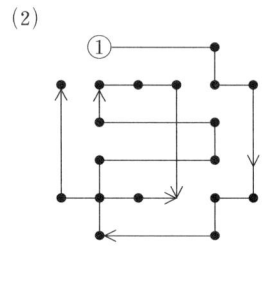

(1) （図）

(2) （図）

(1), (2)いずれも別解あり

3（53ページ）

第1段階では，黒(乙)を残し黒が全員いなくなる。

第2段階で黒(乙)から始めると，白が全員いなくなり，ハッピーエンドとなるお話。

4（55ページ）

(1) 白球のフチの対称点をとり，黒球と結ぶ。これとフチとの交点P。

(2) 白・黒球それぞれの対称点をとり，結ぶ。フチとの交点P, Q。

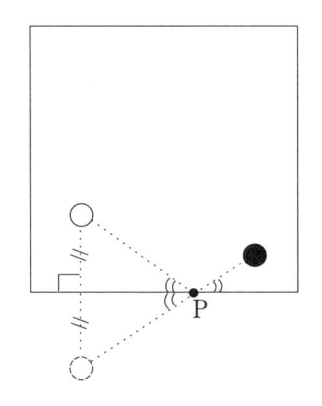

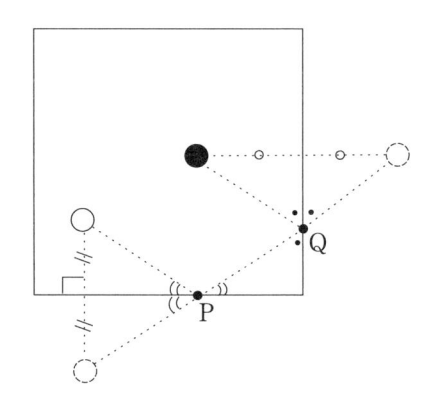

証明は三角形の合同による等角をいう。

解　答

5　(57ページ)
(1) 例　　　　　　　　　　　(2) 例

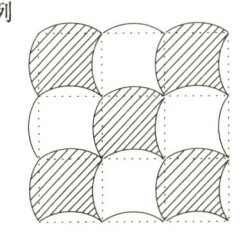

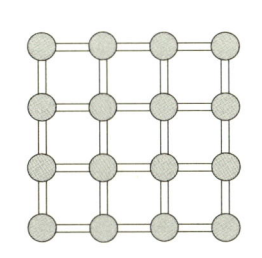

6　(59ページ)
(1) 下のようにジグザグに切り，左上へズラす

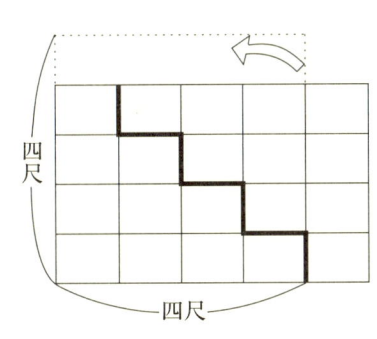

四尺 / 四尺

(2)

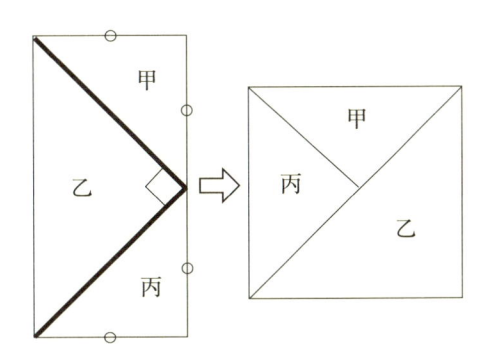

7　(61ページ)
(1) 組み合わす
（別解あり）

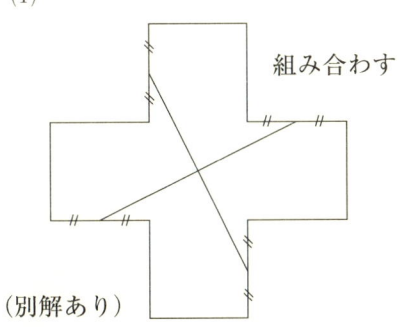

(2) 4小片でうめる

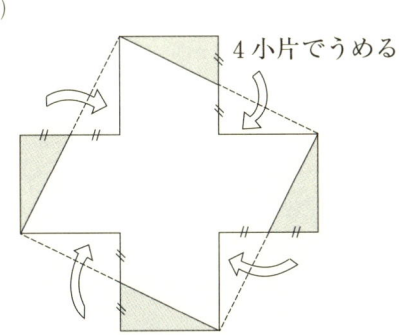

8 (63ページ)

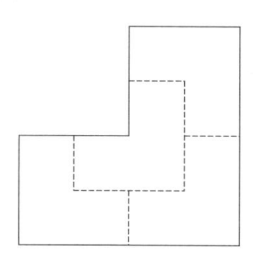

　(1)　　　　　　　　　　(2)　　　　　　　　　遺産の土地の四等分

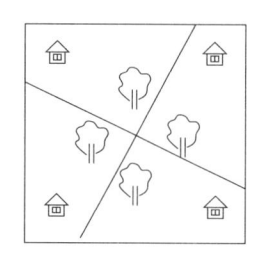

第4回　「電卓使い」計算の奇妙発見

1 (67ページ)

　(1)　$2 \div 3 \times 3 = 1.999999998$ ？　　　　　　10桁電卓の場合
　　　（説明）機械は忠実である。
　(2)　$1 \div 7 = 0.\overline{142857}142\cdots$
　　　（説明）右の筆算のように7で割ったとき
　　　　　　　の余りは，1〜6なので，最大でも
　　　　　　　「循環の節」は6桁までとなる。

2 (69ページ)

　(1)　111111111　　(2)　222222222
　(3)　333333333

3 (71ページ)

　(1)　12321　　(2)　1234321　　(3)　123454321
　　発見すること：かける数の1の個数を真ん中にして，左右対称になる

4 (73ページ)

　(1)　111111111　　(2)　1111111　　(3)　11111111
　　発見すること：単純計算にもルールがある

5 (75ページ)

　(1)　$3136 - 3025 = 111$　　(2)　$309136 - 308025 = 1111$
　(3)　$30869136 - 30858025 = 11111$
　　発見すること：（2つの元数の和）×1（元数の差）

6 (77ページ)

　(1)　$100 + 121 + 144 = 365$　　(2)　$169 + 196 = 365$

解　答

(3) $91 \times 4 + 1 = 365$

7 （79ページ）

$2^{13} = 8192$（本）　この1本の太さが針の穴を通る

（参考）米一升≒46000粒より一俵＝四斗＝四十升≒184万粒

これより，$2^{100} ≒ 127 \times 10^{28}$ 粒は約 690×10^{21} 俵。これは人間が古今，未来までかけても生産できない莫大な量である。秀吉は勘定方の報告を受け曽呂利に謝った，という。

8 （81ページ）

1だけの連分数（70ページ）とその計算法（71ページ）によって求める。□ ≒1.414201183となる。連分数の「…」部分を進めて計算すると，1.41421356…に近づく。実は，これは近似値でなくピタリ$\sqrt{2}$になる。

（注）現代，日常的な紙型のA5，B4など，$\sqrt{2}$を使用し相似判を作る。

ちょいしゃれ話　（82ページ）

2^{22}mm＝4194304mm≒4194mとなり，富士山より高い。

第5回　"迷宮入り"待った！　解決へ

1 （85ページ）

(1)，(2)　各自試みよ

「必ず出られる方法」…片手を壁に当てて歩くと，時間はかかるが出られる。

2 （87ページ）

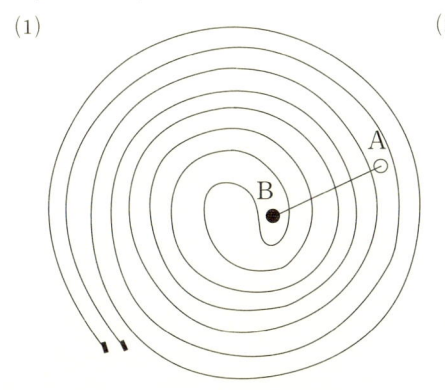

(1) 曲線との交点が5個なので会えない

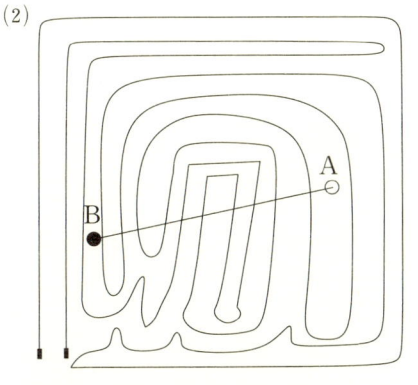

(2) 曲線との交点が10個なので会える

125

3 (89ページ)

(1) A→ Q
　　B→ R
　　C→ P

(2) A→ P
　　B→ T
　　C→ S
　　D→ R
　　E→ Q

（理由）：(1)を例にとると，元来別々の3本のひもであった

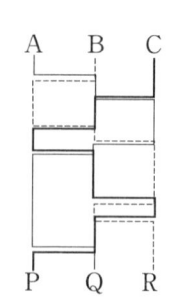

4 (91ページ)

(1), (2) ((2)は離れ離れになるが，輪ゴムの片方に結び目が残る)

5 (93ページ)

下の手順による。2番目で腕を通す。

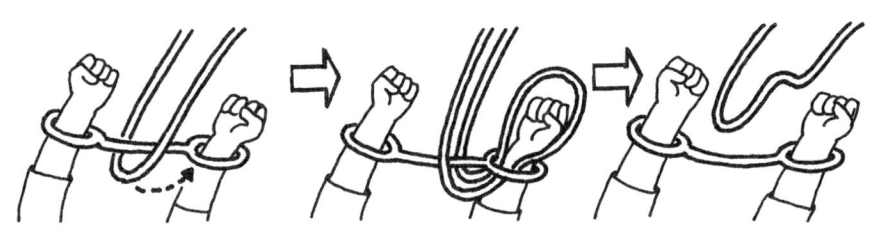

6 (95ページ)

A——スプーン，ロケット，3つの円
B——マス，自転車，ヨット，三角形
C——コーヒーカップ，正方形

7 (97ページ)

(1) 11個　　(2) 39個

8 (99ページ)

並べ替えると，右図のように対角線上にごくわずかなスキ間ができる。
また，98ページの「消えたボール」も同じ。

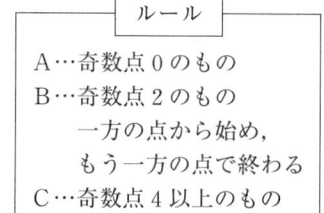

ルール
A…奇数点0のもの
B…奇数点2のもの
　一方の点から始め，
　もう一方の点で終わる
C…奇数点4以上のもの

（注）奇数点とは，1点に集まる線の数が奇数本のもの。

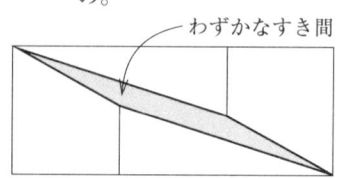

わずかなすき間

解 答

第6回 『知恵ダメシ』と「自作問」作り

1 （103ページ）

(1) 加法
```
  2 2 2
+ 1 4 3
─────
  3 6 5
```

減法
```
  8 0 7
- 2 5 2
─────
  5 5 5
```

乗法　2 4 6
```
    2 4 6
×     5 7
─────────
    1 7 2 2
  1 2 3 0
─────────
  1 4 0 2 2
```

除法　9 3
```
       9 3
4 4 ) 4 0 9 2
      3 9 6
      ─────
        1 3 2
        1 3 2
        ─────
            0
```

(2) 「4の4」答は4通りある
  ① 1200474÷846＝1419
  ② 1202464÷848＝1418
  ③ 1337174÷943＝1418
  ④ 1343784÷949＝1416
試行錯誤のあと"数勘"をはたらかせる

「5の5」　　6 5 2
```
3 9 2 6 ) 2 5 5 9 7 5 2
          2 3 5 5 6
          ─────────
            2 0 4 1 5
            1 9 6 3 0
            ─────────
                7 8 5 2
                7 8 5 2
                ─────────
                      0
```

2 （105ページ）

(1) 解答例①
```
  2 3
+ 2 3
─────
  4 6
```
②
```
  6 2
+ 6 2
─────
1 2 4
```
③ 不可能　④
```
  5 3
+ 5 3
─────
1 0 6
```

(2)
```
    8 2
+ 8 6 1
─────
  9 4 3
```

(3)
```
  3 6 8 1 7
+ 4 6 5 2 9
─────────
  8 3 3 4 6
```

(1)〜(3)いずれも別解あり

3 （107ページ）

(1) 1＋2＋3－4＋5＋6＋78＋9＝100
(2) 12－3－4＋5－6＋7＋89＝100
(3) 123＋4－5＋67－89＝100　など

127

4 (109ページ)

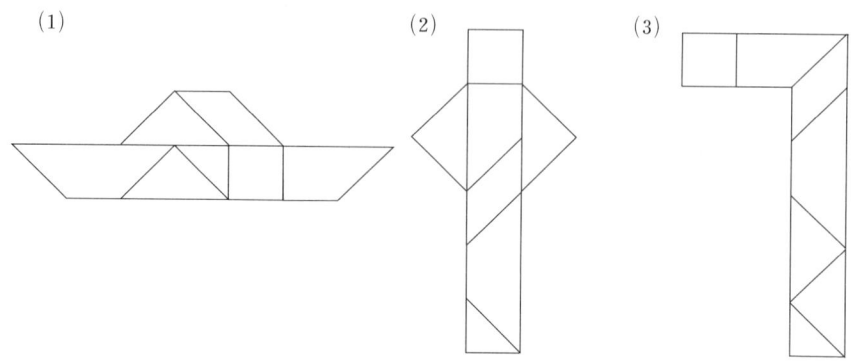

(1)　　　　　　　　　　(2)　　　　　　(3)

5 (111ページ)

　　A，Bそれぞれの期待金額（1本についての値）を求める。
　　求め方はいろいろあるが，（賞金の総金額）÷（くじの総枚数）という平均値の考えで計算する。

　　A：40万円÷613≒652.528円 ⎫
　　　　　　　　　　　　　　　　⎬ これよりAが得
　　B：40万円÷632≒632.911円 ⎭

　　賞金の総金額が同じときは，枚数が少ない方がよい。
　　また，クジ券が1枚600円なら得。（期待金額の方が大）

6 (113ページ)

　　7個中，当たりが1個のとき，
　　　先の人が当たる確率　$\frac{1}{7}$
　　　後の人が当たる確率

　　　先が当たり，後も当たる　$\frac{1}{7} \times \frac{0}{6} = 0$ ⎫　よって，
　　　先がはずれ，後が当たる　$\frac{6}{7} \times \frac{1}{6} = \frac{1}{7}$ ⎭　$0 + \frac{1}{7} = \frac{1}{7}$
　　やはり，同じ。ご安心を！
　　（注）確率で相互に関係があるときは乗法定理，
　　　　　相互に関係がないときは加法定理による。

7 (115ページ)

　　誕生日の場合，グラフより約90％（計算では，0.891）なので，「1組いる」に賭けた方が得。
　　結婚記念日の場合，約40％（0.411）と少ないが，そう稀なことではない。

解　答

8　(117ページ)

「数楽オリンピック」

$1 \times 9 \div 6 \times \sqrt{4} = 3$　　　$1 \times 9 - 6 + 4 = 7$
$-1 + 9 - 6 + \sqrt{4} = 4$　　　$1 + 9 - 6 + 4 = 8$
$1 \times 9 - 6 + \sqrt{4} = 5$　　　$1 \times \sqrt{9} \times 6 \div \sqrt{4} = 9$　　いずれも
$-1 + 9 - 6 + 4 = 6$　　　$-1 + 9 + 6 - 4 = 10$　　別解あり

「2002年の創案問」…　|2 0 0 2| + |1 3 3 1| = 3333

「最後の質問」…『入子算』型式を考える

　(問) 上中下と積まれた相似形の鍋が売られている。各値段は2割ずつの差がある。いま上鍋が1000円とすると，全部買うといくらになるか。

上中下に重ね積まれた鍋

別の問題も考えられるので，ドウゾ！

　(参考) 江戸時代の庶民パズルに前ページのような入子算があった。ロシアのお土産『マトリョーシカ』(117ページ写真)も入れ子であり，いま最先端の数学でコンピュータによる『フラクタル図形』にも「入れ子」(自己相似形) がある。

「締めの問題」…
右の暗号解読表によると，
　「ゴクロウサマ，オワリ!!」
となる。

暗号解読表

行＼列	A	B	C
1	ア	カ	サ
2	イ	キ	シ
3	ウ	ク	ス
4	エ	ケ	セ
5	オ	コ	ソ

45ページ「ネズミ講の例」

　10人の口座番号リストがメールで送られてきたら，リストの1番目の口座に5000円，8番目の口座に1000円を振り込む。次に1番目の口座を削除し，一番下に自分の口座番号を加えたリストを2人 (誰でもよい) にメールで送る。メールを受け取った人は同様にお金を振り込み，リストを2人に送る。この繰り返し。

　自分がリストの8番目になったとき，$2^3 = 8$ 人から1000円ずつ振り込まれるので最初に投資した6000円を回収することができ，さらにリストの1番目になったとき $2^{10} = 1024$ 人から5000円ずつ，計512万円が口座に振り込まれ，自動的にねずみ講から脱会することになる。

著者紹介

仲田紀夫

1925年東京に生まれる。
東京高等師範学校数学科，東京教育大学教育学科卒業。(いずれも現在筑波大学)
(元) 東京大学教育学部附属中学・高校教諭，東京大学・筑波大学・電気通信大学各講師。
(前) 埼玉大学教育学部教授，埼玉大学附属中学校校長。
(現)『社会数学』学者，数学旅行作家として活躍。「日本数学教育学会」名誉会員。
「日本数学教育学会」会誌 (11年間)，学研「会報」，JTB 広報誌などに旅行記を連載。

NHK教育テレビ「中学生の数学」(25年間)，NHK総合テレビ「どんなモンダイQてれび」(１年半)，「ひるのプレゼント」(１週間)，文化放送ラジオ「数学ジョッキー」(半年間)，NHK『ラジオ談話室』(５日間)，『ラジオ深夜便』「こころの時代」(２回) などに出演。1988年中国・北京で講演，2005年ギリシア・アテネの私立中学校で授業する。2007年テレビ BS ジャパン『藤原紀香，インドへ』で共演。

主な著書：『おもしろい確率』(日本実業出版社)，『人間社会と数学』Ⅰ・Ⅱ (法政大学出版局)，正・続『数学物語』(NHK 出版)，『数学トリック』『無限の不思議』『マンガおはなし数学史』『算数パズル「出しっこ問題」』(講談社)，『ひらめきパズル』上・下『数学ロマン紀行』１～３ (日科技連)，『数学のドレミファ』１～10『世界数学遺産ミステリー』１～５『パズルで学ぶ21世紀の常識数学』１～３『授業で教えて欲しかった数学』１～５『若い先生に伝える仲田紀夫の算数・数学授業術』『クルーズで数学しよう』『道志洋博士の世界数学クイズ＆パズル＆パラドクス』『道志洋博士の世界数学７つの謎』(黎明書房)，『数学ルーツ探訪シリーズ』全８巻 (東宛社)，『頭がやわらかくなる数学歳時記』『読むだけで頭がよくなる数のパズル』(三笠書房) 他。
上記の内，40冊余が韓国，中国，台湾，香港，フランス，タイなどで翻訳。

趣味は剣道 (７段)，弓道 (２段)，草月流華道 (１級師範)，尺八道 (都山流・明暗流)，墨絵。

道志洋博士の数学快楽パズル
2008年９月15日　初版発行

著　者	仲田紀夫
発行者	武馬久仁裕
印　刷	大阪書籍印刷株式会社
製　本	大阪書籍印刷株式会社

発　行　所　　株式会社　黎明書房

〒460-0002　名古屋市中区丸の内3-6-27 EBSビル　☎052-962-3045
　　　　　　　FAX052-951-9065　振替・00880-1-59001
〒101-0051　東京連絡所・千代田区神田神保町1-32-2
　　　　　　　南部ビル302号　☎03-3268-3470

落丁本・乱丁本はお取替します。　　　　　ISBN978-4-654-08219-3

©N. Nakada 2008, Printed in Japan

仲田紀夫著
授業で教えて欲しかった数学（全5巻）
学校で習わなかった面白くて役立つ数学を満載！

A5・168頁　1800円
① 恥ずかしくて聞けない数学64の疑問
疑問の64（無視）は，後悔のもと！　日ごろ大人も子どもも不思議に思いながら聞けないでいる数学上の疑問に道志洋数学博士が明快に答える。

A5・168頁　1800円
② パズルで磨く数学センス65の底力
65（無意）味な勉強は，もうやめよう！　天気予報，降水確率，選挙の出口調査，誤差，一筆描きなどを例に数学センスの働かせ方を楽しく語る65話。

A5・172頁　1800円
③ 思わず教えたくなる数学66の神秘
66（ムム）！おぬし数学ができるな！　「8が抜けたら一色になる12345679×9」「定木，コンパスで一次方程式を解く」など，神秘に満ちた数学の世界に案内。

A5・168頁　1800円
④ 意外に役立つ数学67の発見
もう「学ぶ67（ムナ）しさ」がなくなる！　数学を日常生活，社会生活に役立たせるための着眼点を，道志洋数学博士が伝授。意外に役立つ図形と証明の話／他

A5・167頁　1800円
⑤ 本当は学校で学びたかった数学68の発想
68ミ（無闇）にあわてず，ジックリ思索！　道志洋数学博士が，学校では学ぶことのない"柔軟な発想"の養成法を，数々の数学的な突飛な例を通して語る68話。

仲田紀夫著　　　　　　　　　　　　　　　A5・159頁　1800円
若い先生に伝える仲田紀夫の算数・数学授業術
60年間の"良い授業"追求史　算数・数学を例に，"学校教育"の全てに共通な21の『授業術』を，痛快かつ愉快なエピソードを交えて楽しく語る。

表示価格は本体価格です。別途消費税がかかります。

仲田紀夫著　　　　　　　　　　　　　　　　　　　Ａ５・196頁　2000円
ピラミッドで数学しよう
エジプト，ギリシアで図形を学ぶ　ピラミッドの高さを測ったタレスの話などを交え，幾何学の素晴らしさを世界遺産の数々を訪れ，楽しく紹介。新装・大判化。

仲田紀夫著　　　　　　　　　　　　　　　　　　　Ａ５・200頁　2000円
ピサの斜塔で数学しよう
イタリア「計算」なんでも旅行　限りなく速く計算したいという人間の知恵と努力の跡を，イタリアの魅惑の諸都市を巡りながら楽しく探る。新装・大判化。

仲田紀夫著　　　　　　　　　　　　　　　　　　　Ａ５・197頁　2000円
タージ・マハールで数学しよう
「0の発見」と「文章題」の国，インド　ユーモラスでとんちのある「インドの問題」に挑戦し，インド数学の素晴らしさを体験しよう。新装・大判化。

仲田紀夫著　　　　　　　　　　　　　　　　　　　Ａ５・191頁　2000円
東海道五十三次で数学しよう
"和算"を訪ねて日本を巡る　弥次さん，喜多さんと数学珍道中。さらに，世界に誇る和算を，問題を実際に解いて体験的に楽しく学びます。新装・大判化。

仲田紀夫著　　　　　　　　　　　　　　　　　　　Ａ５・148頁　1800円
クルーズで数学しよう
港々に数楽あり　われらの道志洋(どうしよう)数学博士が，豪華クルーズ船に乗り込んで，世界の港に立ち寄りながら，港々の数学にまつわる楽しい話を紹介。

仲田紀夫著　　　　　　　　　　　　　　　　　　　Ａ５・190頁　2000円
道志洋博士の世界数学クイズ＆パズル＆パラドクス
道志洋博士のおもしろ数学再挑戦①　世界各地の民族や歴史に根ざした数学パズルを紹介。『挑戦！　数学クイズ＆パズル＆パラドクス』新装・改題。

仲田紀夫著　　　　　　　　　　　　　　　　　　　Ａ５・168頁　1800円
道志洋博士の世界数学７つの謎
道志洋博士のおもしろ数学再挑戦②　「７つの数学誕生のトポス(場)探訪」など感動に満ちた数学の世界に案内。『世界周遊「数学７つの謎」物語』新装・改題。

表示価格は本体価格です。別途消費税がかかります。

実 験 用 厚 紙 その1

＊切り取って，実際に試してみましょう。

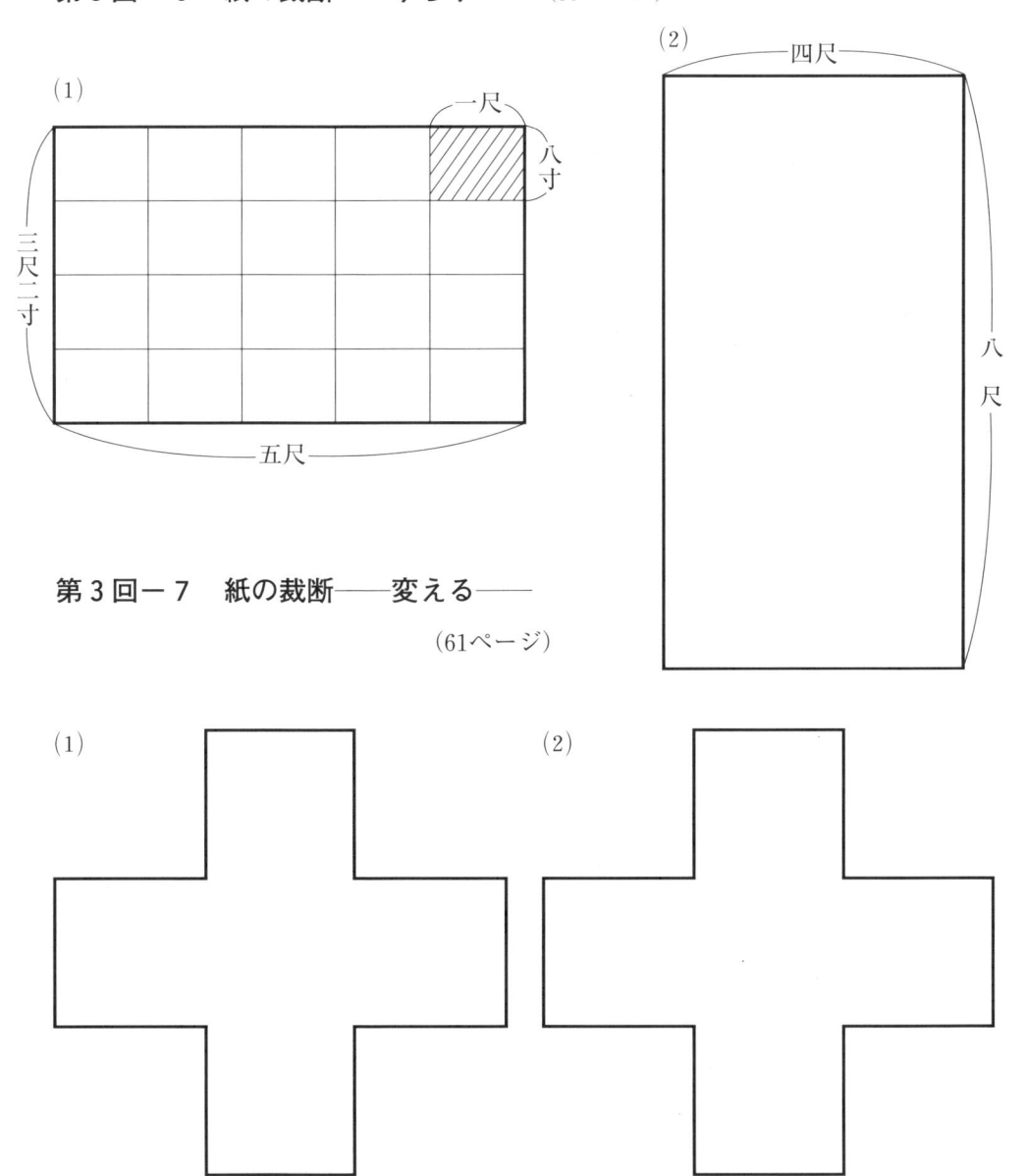

第3回－6　紙の裁断──ずらす──　(59ページ)

(1)

三尺二寸 / 五尺 / 一尺 / 八寸

(2) 四尺 / 八尺

第3回－7　紙の裁断──変える──
(61ページ)

(1)

(2)